新人エンジニアのための コマンドが使いこなせる本

kanata

コマンドラインの黒い画面が怖いんです。

SE SHOEISHA

はじめに

コンピュータを扱う上で、キーボードを「**カタカタカタカタ……ッターン！**」と叩く軽快な操作に憧れたことはありませんか？ 筆者は憧れていました。そんな「カタカタカタカタ……ッターン！」の操作は、主にコンピュータ上でCLIやCUIと呼ばれる「黒い画面」に向かって行われます。

システムやソフトウェアの開発現場では、「コマンド」という文字列を使ってこの「黒い画面」を操作する機会が少なくありません。**黒い画面とコマンドを使いこなす能力は、コンピュータを詳細に扱う上で、重要なスキルセットの1つ**となります。

しかし、同時にこの黒い画面の操作は、初学者がコンピュータを学ぶ上でぶつかる大きな壁の1つでもあります。一般的な用途ではグラフィカルな画面（GUI）上でのマウス操作があたりまえになった現代でも、ソフトウェア開発の現場では黒い画面を備えた何らかのツールに触れる機会がまだまだ少なくありません。かけだしのエンジニアや技術分野を学びはじめたばかり人の中には、その操作に苦手意識や恐怖感を持っている方も多くいることでしょう。筆者もはじめてPCに触れたときは同じように感じました。

本書はそんな「黒い画面でのコマンド操作」をテーマに掲げた書籍です。コマンドにまつわる超・基本的な知識から、いつもの作業を効率化するコマンドの活用法まで、幅広いトピックを一冊でカバーしました。

また、コマンド操作にまつわるよくある失敗や事故、その防止方法も解説しています。「操作を誤って大事なファイルをすべて削除してしまった！」「システムを壊してしまった！」といった事故は開発現場でもよく耳にする話です。先人たちが失敗してきたことを、読者の皆さんが同様に経験する必要はありません。

都度、コマンドの実行結果を示しながら解説していくので、コマンドに触れた経験が少ない人でも、具体的なイメージを掴みながら読み進められます。「いつも黒い画面を緊張しながら触っている」「コマンド操作に苦手意識を持っている」という方にとっては、普段の開発を楽しくする知識やヒントが多く見つかることでしょう。

本書を読めば、最初は不気味に感じるかもしれない黒い画面が、実は非常に頼りになる便利なツールであることが理解できるはずです。読者の皆さんが黒い画面の操作に習熟するとともに、コマンドの便利さや楽しさを知り、憧れの「カタカタカタカタ……ッターン！」ができるようになることを願っています。

kanata

プロローグ

私の名前は
コマ
今日から
ITエンジニアの
仲間入りです
じゃあ最初は
手順書通りに
進めてみて
くれる？
MANUAL
ハイ！
え〜っと
ここを
こうして…
実行！
あれ…？
画面が
まっ黒に
なっちゃった！
Microsoft Windows
(c) Microsoft
C:\Users\ .....
もしかして
壊しちゃった〜！？

近年、一般的なコンピュータの利用者にとって、文字だけのUIである黒い画面（CLI）を使う機会は珍しいものとなりました。グラフィカルな画面（GUI）の操作があたりまえの時代になってからITの世界に足を踏み入れた人の場合、主人公のコマさんのように黒い画面をそもそも触ったことがない、という方もいるかもしれません。

本書は、そんな「**黒い画面が怖くて触れない！**」という新人のITエンジニアや学習者に向けて、最低限押さえておくべき必須の知識や主要なコマンドを解説する書籍です。

第 1 章

第1章では、まず「黒い画面」にまつわるいくつかの用語の意味を整理します。そして、GUIでの操作をCLIでも実践し、本質的には同じ操作が行えることを体感してみましょう。

第 2 章

第2章では、なぜ黒い画面に恐怖や不安を覚えるのか、その原因と対応方法をご紹介します。また、代表的なCLIであるコマンドプロンプトとPowerShellの操作を通じて、基本的なコマンドの使い方について習得します。

第 3 章

第3章では、CLIやコマンドと関わりの深いテーマとして「Linux」の世界に足を踏み入れます。WSLでLinuxコマンドを使いながら、コマンドプロンプトやPowerShellと同じ操作ができることを体感しましょう。

第 4 章

第4章では、シェルスクリプトについて解説します。シェルスクリプトに、あらかじめコマンドをまとめておけば、同じコマンドを毎回打つような作業もすぐに片づけることができます。

第 5 章

第5章では、Linuxを使用し、たった1行のコマンド入力だけでできる、作業効率化の方法を習得します。いくつかの便利なコマンドを組み合わせて、さまざまな作業を1行で効率的にできるようになります。

第 6 章

本書の最後に、第6章では、CLIの操作で起きやすい事故とその対策法を解説します。初学者がLinuxの操作において特に失敗しがちな事故を紹介します。

本書を読めば、これまで苦手で仕方なかった「黒い画面」が、私たちの開発を効率的にしてくれる心強い味方だということがわかるはずです。さあ、**黒い画面やコマンドと仲良くなるための第一歩を踏み出しましょう！**

本書で想定する環境

本書では、各種CLIの操作を解説するにあたり、下記の環境で動作検証をしています。

- Microsoft Windows11 バージョン 22H2

厳密にこのバージョンと同一である必要はありません。OSがMicrosoft Windows 11以上でWindowsUpdateにより最新の状態にしてあれば、本書の内容と同じことができるはずです。

また、書籍中盤からは、Windows11上でLinuxを動作させるため、WSL（Windows Subsystem for Linux）を使用します。これはWindowsに標準で備わっている機能で、追加の費用などは発生しません。詳しくは、第3章で解説します。

コマンドの表現

本書では、コマンドの解説サンプルを、次のように表現します。

■ ①プロンプト

コマンド入力を促すために、CLI上に表示される部分です。CLIを起動すると自動で表示される部分であり、読者の皆さんが入力する必要はありません。プロンプトは「C:\Users\user>」であったり、「user@HOST:/home/user$」であったり、設定や状況に応じてさまざまに変化します。ひとまず、コマンドの解説でプロンプトの箇所は入力する必要がないものと理解してください。

■ ②コマンド

実行したいコマンドを指定します。どのようなコマンドがあるかは、本書の中で解説します。

■ ③任意の入力箇所

[と]で囲まれた部分は、目的に応じて内容を変える必要がある部分です。例えば、[ファイル名]と記載されていれば、その部分を任意のファイル名に置き換えて入力します。どのような内容を入力すればいいかは、本書の中で都度解説を行います。

またCLI上に表示されるコマンドの実行結果は、黒字で掲載します。

第２章

黒い画面をもっと使ってみよう

第 3 章

Linuxコマンドの世界へ！

第 4 章

退屈なことは シェルスクリプトにやらせよう

第 5 章

たった一行でできる作業効率化！

第 6 章

黒い画面ともっと仲良くなるために

COLUMN

第 1 章

黒い画面とコマンド、その正体とは？

なるほど。
「黒い画面」で
先に進めない
と…
クロスギ先輩
はい〜

じゃあ1つずつ教えます。
まず「端末を開いて」ください
わかりました

端末を…

開く!!
パカッ♪

できました!
……
「端末を開く」(動詞)
- コンピュータを操作する
ソフトウェアを立ち上げること
- パソコンをパカッ♪と開く
ことではない

まずは
用語の整理から
はじめましょうか
?
大丈夫か…
あの2人?

通称「黒い画面」と呼ばれるCLI。これらはそもそも何のために使われるものなのでしょうか。そして、文字を打ち込むだけでコンピュータが操作できるのは、一体どのような仕組みなのでしょう。私たちがコンピュータを利用する上では、画面上のアイコンやボタンを、マウスでクリックして使うことがほとんどです。Excelやメモ帳、電卓など、個々のソフトウェアを操作する際も同じです。では、**黒い画面を使った操作は、私たちの普段のコンピュータの使い方と何が異なるのでしょうか。**

また、黒い画面を表す言葉には、ターミナルやエミュレータ、シェルなど、いくつもの不思議な用語が登場します。これらはどのような違いを持つ言葉で、それぞれにどのような役割があるのでしょうか。

本章では、まずなぜ黒い画面を使った操作が必要なのか、そして黒い画面は何で構成されているかを、用語の意味を紐解きながら解説していきます。

1-1

黒い画面にまつわる用語

近年、コンピュータの操作方法といえば、利用者の使いやすさを重視した**GUI**（グラフィカルユーザインタフェース）を使った操作が主流になっています。画面上に表示されるウィンドウに対してマウスなどで操作する方法です。

GUIとは別に、昔からある操作方法として**CLI／CUI**（コマンドラインインタフェース／キャラクターユーザインタフェース）(※1-1)を使った操作があります。黒い画面に対して文字を入力する方法で、結果も文字だけで返ってきます。

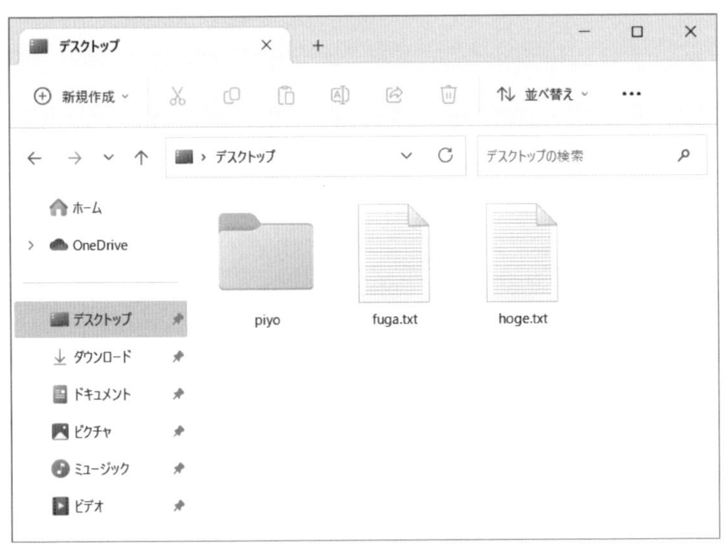

図1-1　GUI

※1-1　CLIとCUIは、同じ意味です。本書では以降、CLIと表記します。

```
user@WinDev2303Eval: /mnt/
user@WinDev2303Eval:/mnt/c/Users/User/Desktop$ ls
desktop.ini  fuga.txt  hoge.txt  piyo
user@WinDev2303Eval:/mnt/c/Users/User/Desktop$ ls -al
total 0
drwxrwxrwx 1 user user 4096 Apr 28 21:24 .
drwxrwxrwx 1 user user 4096 Apr  7 21:48 ..
-rwxrwxrwx 1 user user  282 Apr  7 21:42 desktop.ini
-rwxrwxrwx 1 user user  329 Apr 28 21:28 fuga.txt
-rwxrwxrwx 1 user user  295 Apr 28 21:28 hoge.txt
drwxrwxrwx 1 user user 4096 Apr 28 21:23 piyo
user@WinDev2303Eval:/mnt/c/Users/User/Desktop$
```

図1-2　CLI

馴染みがあるのはGUIのほうだなあ

GUIとCLIという2種類の操作方法があるわけですが、コンピュータの進歩にともない、一般的なコンピュータの利用者はCLIで操作する必要がなくなりました（※1-2）。しかし、深くコンピュータを把握し、より詳細にコンピュータを操作しなければならなくなったときは、現在でもCLI（黒い画面）を使った操作方法が主に使われています。そのためソフトウェア開発やサービス開発の現場、コンピュータを利用した研究分野では、日常的にCLIが使われています。

本書の冒頭でも述べたように、この「黒い画面でのコマンド操作」は、新人エンジニアや知識ゼロから技術分野を学びはじめた人にとって、大きな壁として立ちはだかります。

この節では、まず黒い画面にまつわる用語を1つずつ整理していきましょう。黒い画面はさまざまな呼び方をされることがあります。

※1-2　筆者が最初に買ったPCは黒い画面での操作がメインでした。20年以上前のことです。

ターミナルエミュレータ

まずは**ターミナルエミュレータ**について解説します。CLIについて少し調べたことのある人や、普段開発現場にいるエンジニアであれば、この用語を聞いたことがあるはずです。これは黒い画面のなりたちに関係している用語です。

メモ帳を起動したり、電卓を起動したりするのと同様に、黒い画面を表示させるためには、**黒い画面を表示させるためのソフトウェアを起動する**必要があります。この黒い画面を起動するためのソフトウェアは、ターミナルエミュレータと呼ばれています（または略してターミナル、端末と呼ばれることもあります）。

ターミナルは「端末」、エミュレータは「まねするもの」という意味で捉えてください。直訳すると「端末をまねするもの」となりますね。 では、そもそもこの「端末」とは何なのでしょうか。

端末は、ターミナルっていうソフトウェアってこと……？

端末

コンピュータは一般家庭に普及する以前、主に企業や研究機関などで使われていました。その時代のコンピュータは図1-3のように、1台のホストコンピュータに複数の「端末」と呼ばれる装置が接続されているものでした。

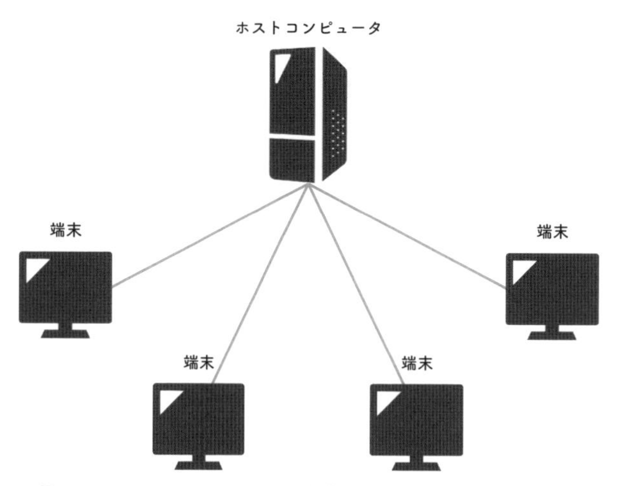

図1-3　ホストコンピュータと端末

この時代の端末は、電源を入れると黒い画面だけが表示されます（※1-3）。OSと呼ばれるものは入っておらず、主にホストコンピュータと通信する機能だけが搭載されていました。必要な処理はすべてホストコンピュータで行っており、端末はホストコンピュータへ文字を送り出し、ホストコンピュータによる**処理の結果を文字で表示するために使われていました。**

出典：「DEC VT100 terminal」
©ClickRick（licensed underCC BY-SA 3.0）
https://ja.m.wikipedia.org/wiki/ファイル:Terminal-dec-vt100.jpg

図1-4　ホストコンピュータと通信する端末

※1-3　これよりさらに時代を遡ると、画面がない端末になります。文字を入力すると、結果は紙に印字されました。テレタイプ端末と呼ばれています。

現代になると、1台のホストコンピュータの代わりを複数台の「サーバ」と呼ばれる機器が担うようになりました。サーバには、PCをはじめとしてスマートフォンなど多くの種類の機器が接続されます（図1-5）。

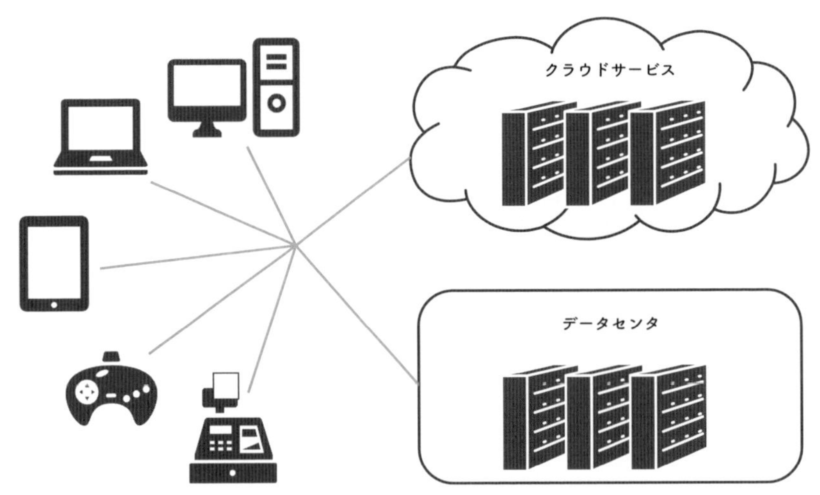

図1-5　サーバがホストコンピュータの代わりになった

サーバとの通信も黒い画面でのやり取りだけでなく、メールやブラウジングなど多様に増えました。そしてハードウェアとしての端末は必要なくなり、ソフトウェアで代替するようになりました。このような経緯のため、ベテランのエンジニアたちの間ではターミナルエミュレータの起動を指して、「端末を開く」と表現することがあるのです。

「端末」という呼び方はかつての名残りということですね

1-2

黒い画面の正体―シェル―

次に黒い画面の中身を解説します。ターミナルエミュレータを起動すると、何かしらの文字列が表示され、カーソルが点滅しています。現代では多くの種類のターミナルエミュレータが存在していますが、どれも同じような画面に見えます。次に示すのは、Windowsのコマンドプロンプト、PowerShell、WSLによるLinuxのターミナルエミュレータです。

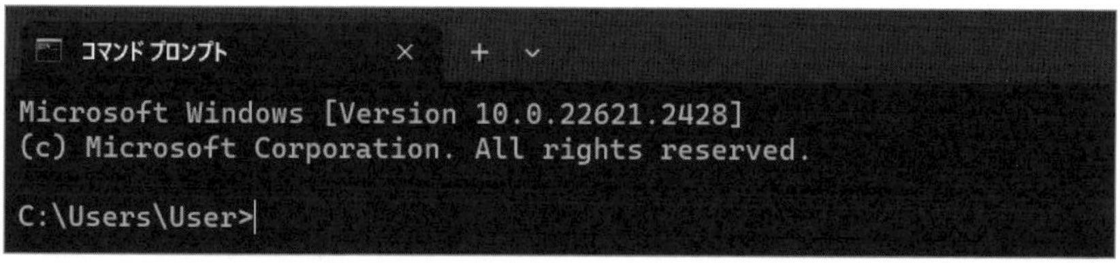

コマンド プロンプト
Microsoft Windows [Version 10.0.22621.2428]
(c) Microsoft Corporation. All rights reserved.
C:\Users\User>

図1-6　コマンドプロンプト

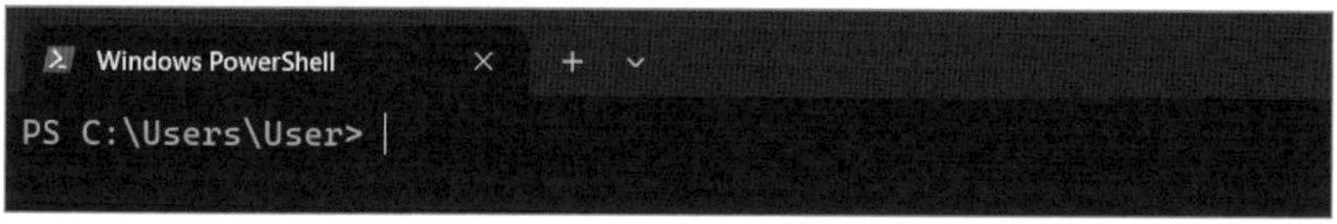

Windows PowerShell
PS C:\Users\User>

図1-7　PowerShell

user@WinDev2303Eval: ~
user@WinDev2303Eval:~$

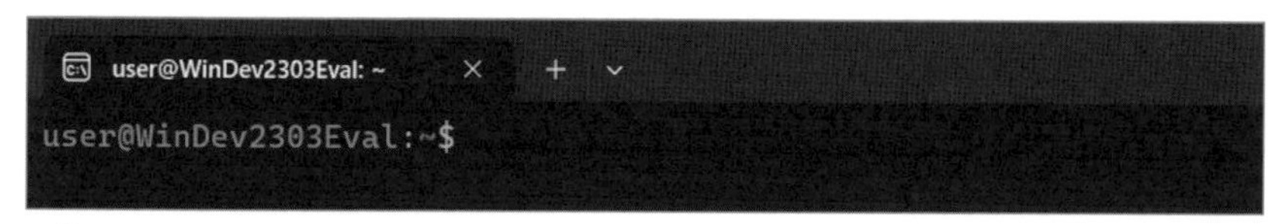

図1-8　WSLのターミナルエミュレータ

ターミナルエミュレータは、キーボードからの入力と、画面への出力を行う機能のみを持つプログラムです。改めて、図1-6～図1-8を見てみましょう。それぞれ「プロンプト」（viiページ参照）を表示して、ユーザからの入力を待ち受けている画面になっています。この画面にコマンドを入力して実行すると、処理の結果が返ってくるわけですが、実はこの「コマンドの実行」はターミナルエミュレータそのものの役割とは異なるのです。どういうことでしょうか。

これはターミナルエミュレータの裏側で動作している、**シェル**と呼ばれる別のソフトウェアの働きによるものなのです。シェルは**CLIで入力されたコマンドを解釈し、それらを実行するプログラム**で、OSの一部と定義されています。私たちが普段何気なく使っている「OS（オペレーティングシステム）」という言葉ですが、このOSの中には複数のソフトウェアが存在しています。中でも重要なのが**カーネル**と呼ばれるOSの中核的な部分と、そのカーネルとやり取りができるシェルです（図1-9）。

カーネルはCPUやメモリ、ハードディスク、キーボードなどのハードウェアを管理し、他のプログラムがそれらハードウェアのリソースを使って動作できるようにしています。ただしカーネルは、コンピュータ利用者と直接やり取りする機能を持っていません。このカーネルとやり取りする手段をシェルが提供しています。そして、このシェルを操作するためのコマンドの入出力を手助けする画面が、ターミナルエミュレータです。先ほど、ターミナルエミュレータは「入力と出力を行う機能のみを持つ」と述べました。入力されたコマンドを実行するのは、あくまでシェルというわけです。

図1-9　カーネルとシェルのイメージ

カーネルという中核部分を包み込むイメージからシェル（殻）と呼ばれているわけですね。一方カーネル（kernel）は、英語ではそのまま核や中核という意味です。

カーネルをシェルが包んでるってことね

このシェルですが、CLIだけに限定されたものではありません。文字を表示して、文字の入力を受けつける代わりに、ウィンドウを表示してマウスのクリックを受けつけるシェルもあります。私たちが普段何気なく使っているWindowsのPCも、Windowsシェルという**グラフィカルシェル**が動作しています。

ちなみに2024年時点のWindowsでは工場出荷時の状態で、3種類のシェルが扱えます（表1-1）。

● 表1-1　工場出荷時の状態で扱えるシェルの一覧

Windowsで扱えるシェル	概要
Windowsシェル	WindowsのGUI
MS-DOS Shell	Windows以前のOSで使用していたシェル（CLI）（※1-4）
PowerShell	MS-DOSに代わる新世代のシェルとして開発された（CLI）

上記とは別に、Windows11上でLinuxを動作させることができる、WSL（Windows Subsystem for Linux）という機能があります。これを使用するとLinux上で動作する多くのシェルを扱えるようになります（※1-5）。

※1-4　ターミナルエミュレータの機能と合わせて「コマンドプロンプト」とも呼ばれます。もしくは通称「DOS窓（ドスマド）」と呼ばれることがあります。

※1-5　シェルにはbash、zsh、fishなど多数の種類があります。本書ではよく使われているbashを対象に解説します。基本的な操作はどのシェルでもほぼ変わりません。Linuxについては「3-1 Linuxとは？」にて解説します。

1 - 3

どうしてCLIが必要なのか？

今では直感的にコンピュータを操作できるGUIが広く普及しましたが、いまだにCLIでの操作は必要とされています。なぜCLIでの操作が廃れることなく、利用されているのでしょうか。

結論から述べると、CLIが古くから現在に至るまで長く利用されているのは、次の利点があるためです。

- 少ないリソースで操作が行える
- 作業の手順を簡単に記録・共有でき、トラブル時も調査しやすい
- 昔作ったものをそのまま動かせる（互換性のため）
- あらゆる自動化に組み込みやすい

少ないリソースで操作が行える

CLIによる操作は非常に低負荷です。コンピュータのメモリやCPUをほとんど使いません。ブラウザを立ち上げるだけで数秒から数十秒かかるような低スペックのPCでも、ターミナルエミュレータは一瞬で立ち上がり、軽快に文字入力を受けつけてくれます。

GUIは比較的負荷が高く、より多くのディスク容量を占有するため、業務システムで使われるサーバにはあえてGUIを導入しない方式が主流で、CLI操作のみでシステムが構築されます。サーバ用途向けのLinuxや、Dockerに代表されるコンテナ技術で扱われるOSは通常、GUIが導入されていません（サーバ用途向けのWindowsServerというOSには標準でGUIが導入されています）。

作業の手順を簡単に記録・共有できる

CLIは、複数のユーザ間で操作や問題解決の手順を共有する際に、情報伝達やコミュニケーションをスムーズにする側面もあります。例えば、以下のようなシチュエーションで役に立ちます。

- **別の人にコンピュータの操作をお願いするとき**
- **コンピュータの操作記録（何を入力して、どういう結果になったか）を取るとき**
- **コンピュータの操作手順を作るとき**

CLIの操作は文字のみで表現できるため、作業指示や作業結果の記録、手順書の作成などが容易になります。

GUIの場合は、ちょっとした手順書を作成するにもアプリケーションの画面コピーを取ってExcelに貼り付け、押してほしいボタンの箇所を赤枠で囲って、どのような結果が出たかまた画面コピーを取って……と対応するコスト（時間・人・お金）が大きくなります。手順書のページ数も多くなり、見るほうも大変です（図1-10）。

図1-10　GUIの場合の手順書のイメージ

CLIであれば、手順書には「この文字列を入力してください」「結果はこのように表示されます」と、たった2つの項目をまとめるだけで済んでしまいます。

資料にまとめる際もテキストファイルだけで済みます

トラブル時の対応にもメリットがあります。何か異常なことが起こったとき、GUIだと状況の説明がしにくいことがよくあります。例えば、何かのアプリケーションの操作をしていた際、画面に次のように表示されたとします（図1-11）。

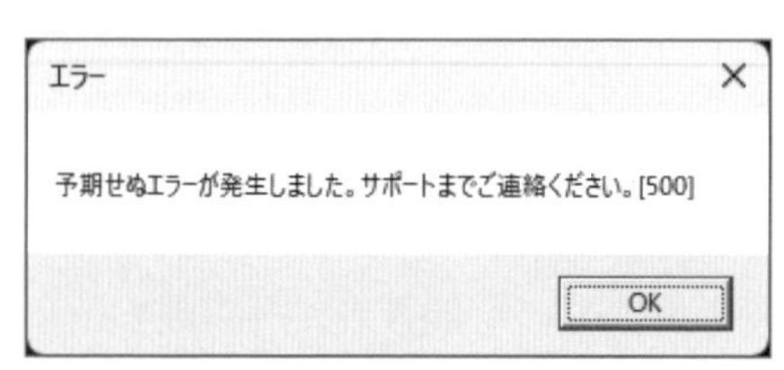

図1-11　GUIにおけるエラー画面

このエラーを解決しないと、作業を進められなくなりました。こんなとき、まず連絡が手間です。どういう操作をしたのか説明するために画面コピーを取って、Excelに貼り付け、サポート先に送るのですが、送った画面コピーの中には問題解決に必要な情報が含まれていないこともあります。その点、CLIは比較的シンプルに済みます。調査のために必要な情報はすべてテキストのため、まとめやすく分析が容易です。

昔作ったものをそのまま動かせる

もしかしたら読者の皆さんには信じられない話かもしれませんが、30年前に作られたプログラムが、今でも使われているコンピュータシステムが数多く存在します。そして、それらのプログラムのほとんどはGUIではなく、CLIで動作します。30年間も互換性を保って変わらず動作できているのは、CLIの大きな利点です。

GUIはOSのバージョンアップにともなって、作り変えが頻繁に発生します。GUIで作られた部分は、とても30年など維持できないというわけです（※1-6）。

あらゆる自動化に組み込みやすい

CLIの操作は、突き詰めるとコマンドを順番に入力していくだけですから、自動化しやすいというメリットがあります。コマンドを順番に記述したスクリプトを用意して、一度の操作ですべて実行することもできます。さらに、時刻を契機に実行する仕組みと組み合わせれば、完全に自動化することだって可能です。スクリプトの作成方法は後述の第4章で解説します。

一方でGUIは自動化が困難です。しかしまったく自動化できないかというと、最近は事情が少し変わってきました。RPAと呼ばれる技術によって、GUIでも自動化できるようになってきています（※1-7）。

ただし筆者の認識では、CLIに比べて構築の難易度は上がりますし、メンテナンスなしには長期間使い続けられないであろう点に懸念を持っています。

※1-6　GUI機能の互換性を長期間維持する目論見で作られた仕組みは過去にいくつかありますが、残念ながらどれも長続きしませんでした。

※1-7　Robotic Process Automation の略語。人がPC上で日常的に行っているGUIによる作業をソフトウェアで自動化する技術のこと。

1 - 4

黒い画面を動かしてみよう ―メモ帳の起動―

では実際に黒い画面で、普段使っているソフトウェアを起動してみましょう。まずは馴染みのあるソフトウェアとして「メモ帳」を起動してみます。Windowsを操作していれば、誰しも一度は起動したことがあるはずです。

イメージしやすいように、普段のグラフィカルシェルによる起動方法と、黒い画面での起動方法を両方記載しておきます。

両方とも「シェル」ですから、シェルが「カーネルの機能を利用してメモ帳を起動する」という同じ動きをします。人間から見て、操作の見た目が変わっているだけです。共通点と相違点をそれぞれ確認していきましょう。

Windows11のGUIで起動

まずは普段の方法でメモ帳を起動してみましょう。スタートメニューを開き、右上にある「すべてのアプリ」をクリックします（図1-12）。

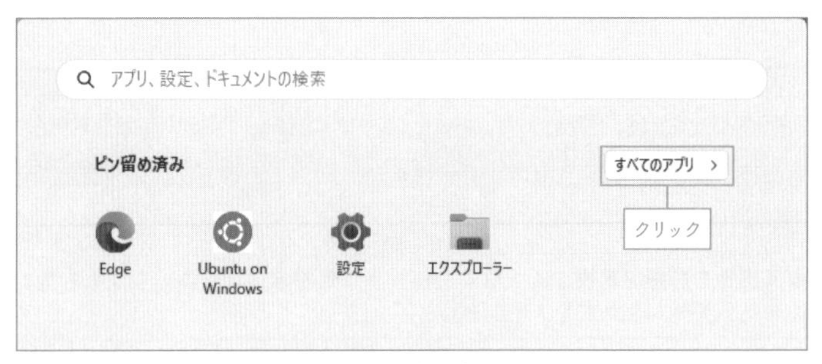

図1-12　スタートメニューからメモ帳を探す

アプリの一覧の中にあるメモ帳を見つけてクリックすれば、メモ帳が起動します（図1-13）。

図1-13　スタートメニューからメモ帳を起動する

他にもいろいろな起動方法が考えられます。実行形式のファイルを直接実行する方法を試してみましょう。

エクスプローラーのアドレスバーに「C:¥Windows¥System32」と入力します（図1-14）。

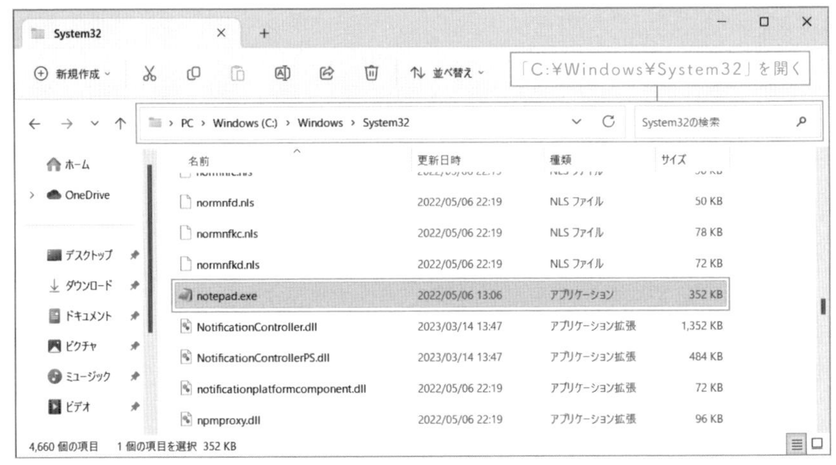

図1-14 エクスプローラーでメモ帳本体の場所を表示

移動先のフォルダに入っている「notepad.exe」というファイルがメモ帳の本体です。ダブルクリックするとメモ帳が起動します（※1-8）（図1-15）。

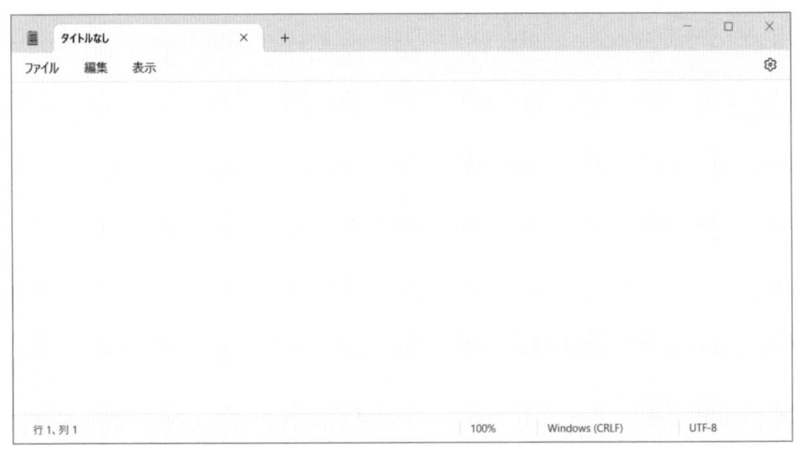

図1-15 メモ帳

※1-8 エクスプローラーの設定により拡張子（ピリオドで区切られたファイル末尾にある文字列）が表示されていない場合があります。メモ帳の場合は「.exe」が表示されませんが、操作には影響しません。

コマンドプロンプトで起動

では、次に同様の操作を黒い画面でやってみましょう。

まずは黒い画面（ターミナルエミュレータ）を起動します。ターミナルエミュレータは、前述のシェルに応じて複数の種類があります。ここでは、MS-DOS Shellが動作する、コマンドプロンプトと呼ばれるターミナルエミュレータを触ってみましょう。

画面下部の検索窓に「cmd」または「dos」と入力して検索しましょう。「コマンドプロンプト」が表示されます（図1-16）。

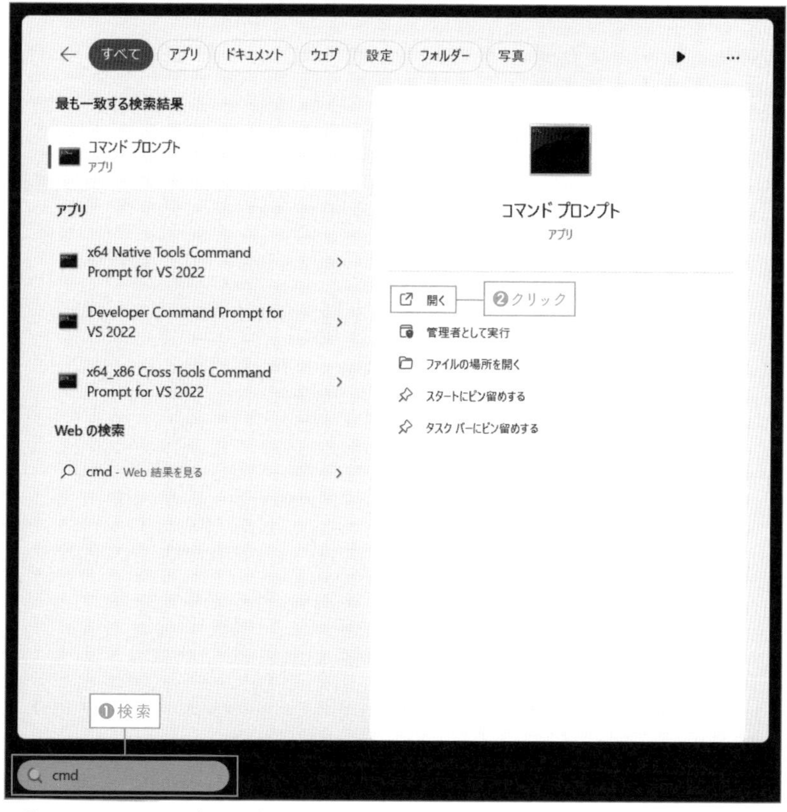

図1-16　コマンドプロンプトの表示

表示されたら「開く」をクリックするとターミナルエミュレータが起動します（図1-17）。

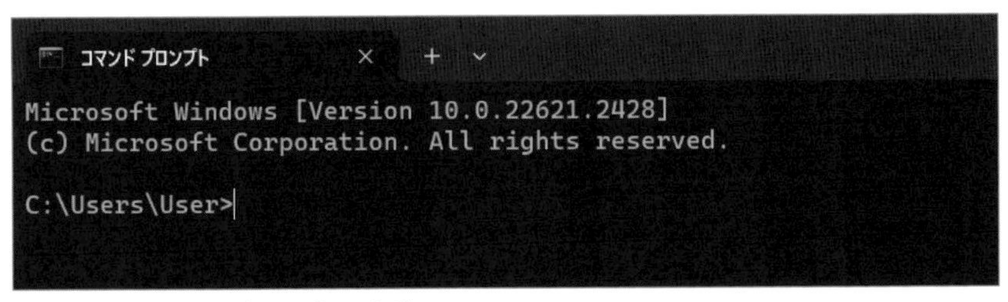

図1-17　コマンドプロンプトの起動

このターミナルエミュレータは、Windowsよりも前のOSであるMS-DOSの機能（シェル）を現在に残したものです。互換性のために残されていますが、そのおかげで昔の操作方法がそのまま使えます（※1-9）。

では、ここからWindowsの標準アプリケーションであるメモ帳を起動してみます。

黒い画面に、次の通りに入力します（※1-10）。左端の「>」の部分は、プロンプトを表しています。コマンド入力を促すために表示される部分で、入力不要です。詳しくはプロローグの「コマンドの表現」をご確認ください。

```
> C:\WINDOWS\system32\notepad.exe
```

※1-9　Microsoftが1981年に発売したのが最初だそうですから、実に40年以上前のPCと同じ操作方法で扱うことができます。

※1-10　お使いの環境によって、「\」を入力しようとすると「¥」と表示される場合があります。その場合、「¥」の表示のままで大丈夫です。歴史的な経緯で円マーク（¥）とバックスラッシュ（\）は、コンピュータ内部では同じ文字として扱われます。フォントや環境の違いによって、¥で表示される場合と\で表示される場合があります。

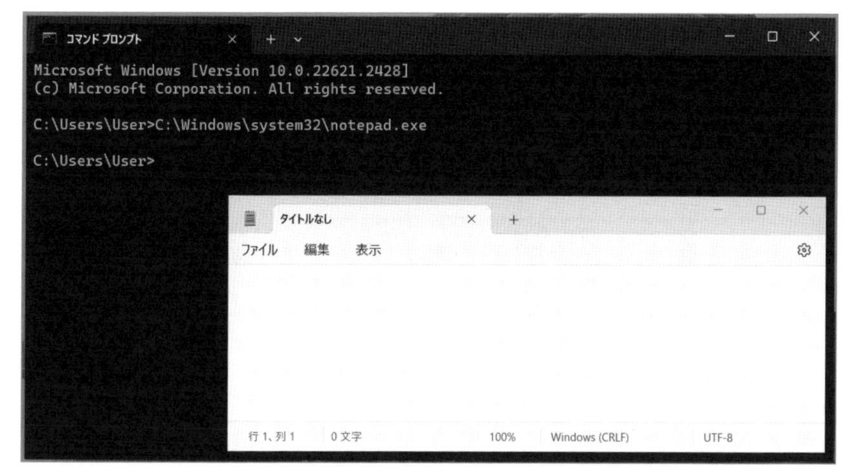

図1-18　コマンドプロンプトでのメモ帳の起動

メモ帳が起動したっ！

メモ帳本体の場所を直接指定して起動しました。このように実行ファイル本体の場所を指定することで、アプリケーションを起動できます。

またWindowsのデフォルト設定により、メモ帳本体が存在している場所を探し出してくれるようになっています(※1-11)。拡張子「.exe」も省略できます。そのため、「notepad」とだけ入力しても起動できます。

```
> notepad
```

メモ帳が起動したでしょうか。いつもの使い方だと、マウスでダブルクリックして起動を指示していましたが、こんなふうに文字による指示でも起動できるわけです。

※1-11　PATHという環境変数に検索先が設定してあります。環境変数とは主に設定変更するために用いられるデータ共有の仕組みのことです。25ページのコラムにて詳細を解説します。

1-5

黒い画面を動かしてみよう —電卓の起動—

次に、電卓の起動を例として、PowerShellを使ってみましょう。

Windows11のGUIで起動

まずはGUIで電卓を起動してみます。さきほどのメモ帳とは別の起動方法を試してみます。

エクスプローラーのアドレスバーにC:¥Windows¥System32¥calc.exeと入力し、[Enter] キーを押すだけで電卓が起動します。

また先ほど、Windowsのデフォルト設定で、メモ帳本体が存在している場所を探し出してくれるようになっていると説明しましたが、これはGUI

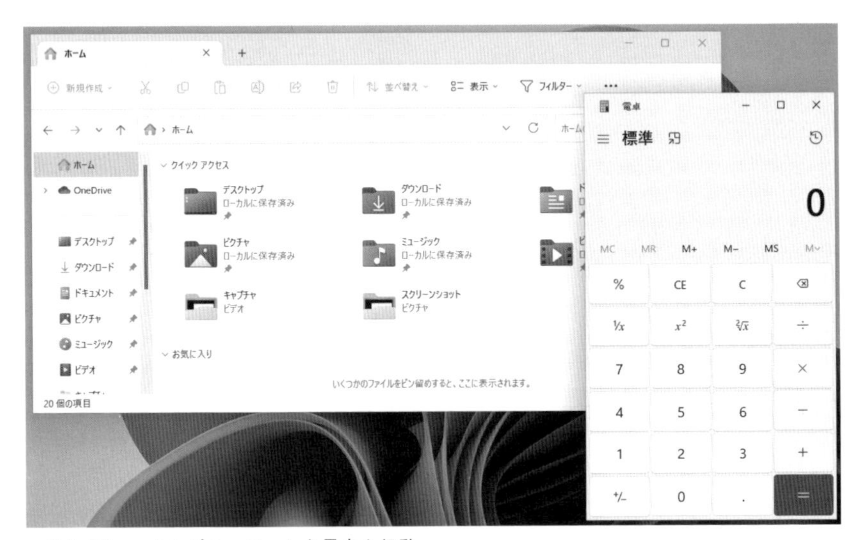

図1-19 エクスプローラーから電卓を起動

でも同様で、エクスプローラーのアドレスバーに「calc」とだけ入力すれば、電卓が起動します（図1-19）。

PowerShellで起動

では、次にPowerShellで電卓を起動してみましょう。PowerShellもシェルの1つです。コマンドプロンプト（MS-DOS Shell）に代わる新世代のシェルとしてMicrosoftから提供されています。

画面下部の検索窓で「powershell」と検索すると、「Windows PowerShell」が表示されます（図1-20）。

図1-20　PowerShellの表示

表示されたら「開く」をクリックするとターミナルエミュレータが起動します（図1-21）。

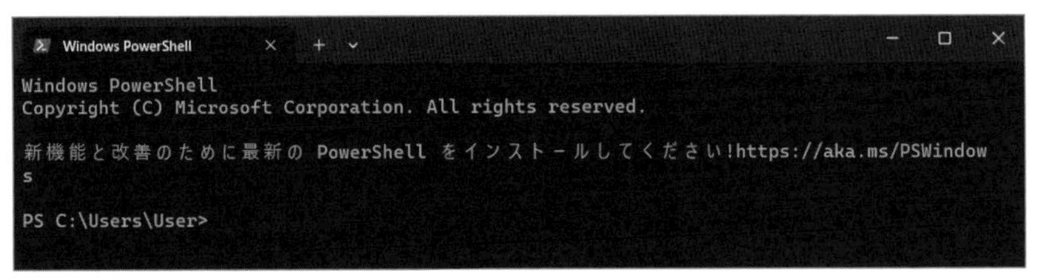

● 図1-21　PowerShellの起動

基本的な操作はコマンドプロンプトと同じです。ソフトウェアを実行するには、ソフトウェアの格納先を示す文字列を入力して［Enter］キーを押すだけです。次のコマンドで電卓が起動します。先ほどGUIのアドレスバーに入力した内容と同じですね。

```
> c:\WINDOWS\system32\calc.exe
```

より簡単に起動するなら、以下になります。

```
> calc
```

グラフィカルシェルが普及する前は、このように文字を打ってソフトウェアを起動していました。GUIでもCLIでもカーネル側で行っていることは一緒なのです。

本章では、黒い画面とコマンドの正体について解説しました。Windowsを例として取り上げていますが、すべてのコンピュータに共通した概念になります。

COLUMN

環境変数とは？

環境変数はOSが提供するデータ共有機能の1つです。設定された内容は、どのプログラムからでも参照できる仕組みになっています。

どのような値が設定されているかは、次の手順で確認できます。

①Windowsの「設定」から「システム」を選択
②「バージョン情報」を選択し、表示される関連リンクの中から「システムの詳細設定」を選択
③「環境変数(N)…」を選択

図1-A　Windowsの環境変数設定画面

もちろんCLIでも確認できます。コマンドプロンプトから次の通り入力します。

```
> set
ALLUSERSPROFILE=C:\ProgramData
APPDATA=C:\Users\User\AppData\Roaming
CLIENTNAME=DESKTOP-02OFKSM
(中略)
Path=C:\Windows\system32;C:\Windows;C:\Windows\⏎
System32\Wbem;C:\Windows\System32\⏎
WindowsPowerShell\v1.0\;C:\Windows\System32\⏎
OpenSSH\;C:\Program Files\Microsoft SQL Server\⏎
150\Tools\Binn\;C:\Users\User\AppData\Local\⏎
Microsoft\WindowsApps;
(以降、省略)
```

PowerShellでは、結果は省略しますが次のように入力します。

```
> Get-ChildItem env:
```

実行した結果には、Pathという名前の環境変数が設定されています。Pathにはコマンドや各種アプリケーションの格納先ディレクトリが複数設定されています。Windowsは何かコマンドやアプリケーションを実行しようとしたとき、Pathに設定されているディレクトリから目的の実行ファイルがないか探して実行しています。

「1-4 黒い画面を動かしてみよう–メモ帳の起動–」では「notepad」とだけ入力してもメモ帳が起動すると解説しました。これは、メモ帳の格納先がPathに設定されているためです。Path環境変数に設定されている「C:\WINDOWS\system32\」という値からメモ帳の本体であるnotepad.exeを見つけ出して実行しています。

第２章

黒い画面を もっと 使ってみよう

黒い画面ってな～んか
とっつきづらいですよね
そうですか？

こっちが何か言っても
あんまり返してくれない
というか…

たしかにCLIは
口数が少なくて
無口に見えますが
うまく付き合って
使いこなせば
とても頼れる
ツールですよ

うまく付き合うかあ…

翌日

口数の少ない
ミステリアスな人だって
思って付き合ってたら
緊張してきちゃいました
……
毎日同じ時間に
同じ花屋さんで
アネモネを
一輪だけ
買って
それを…
一見冷たいけど
実は情に厚くて
親へのプレゼント
とかいつも
欠かさなくて

面白い人
だなあ
2人とも
ツボが
変だった

なぜ私たちは「黒い画面」に対して恐怖や不安を感じるのでしょうか。本章では、まず不安を感じる要因を整理するとともに、それらを解消するための方法を考えてみましょう。

その過程で、GUIとCLIのUI（User Interface）の違いを紐解いていきます。UIは、コンピュータと利用者の間で情報をやり取りするための「見た目」と「操作方法」を指す言葉ですが、**CLI操作の心理的なハードルの高さは、このUIの違いが関係しています**。

また章の途中からは、実際の操作をイメージしながら、CLIの特性を理解していきます。私たちが**GUIで行っている操作のほとんどは、CLIでも行うことができます**。普段の操作を通じて、CLIをもっと身近に感じることができるでしょう。

2-1

黒い画面が怖い理由

なぜ私たちは「黒い画面」に苦手意識や恐怖感を感じるのでしょうか。その原因として考えられる要素を、1つずつ紐解いてみましょう。

そもそも「知らない技術」は怖いもの

まず、私たちは「知らない技術」を「未知のよくわからないもの」と捉えて、本能的に恐怖を感じています。さらに、怖いと感じた後に「逃避」してしまうことが、恐怖の解消を妨げています（図2-1）。

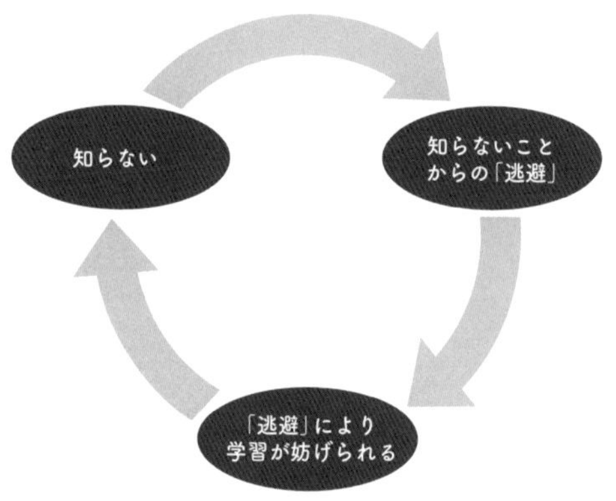

図2-1　知らないことからの逃避

この恐怖や不安を解消するには、どうすればよいかというと、実はとてもシンプルです。

「未知のよくわからないもの」は調べて理解する

たったこれだけです。あたりまえのことのように思えるでしょうか。しかし、知らない技術を知ろうと向き合うことには、大きな不安や恐怖がつきまといます。調べて理解するだけといっても、心理的ハードルが高い行動なのです。

読者の皆さんは本書を手に取り、「黒い画面」という未知に向き合うための第一歩を踏み出しています。本書を最後まで読めば、きっと恐怖も解消されているはずです。

結果を示すフィードバックがない

GUIでは、何かをクリックすると操作結果の視覚的なフィードバックが表示され、直感的な理解がしやすくできています。対して、CLIは何かを実行しても結果が文字のみで表示されるため、GUIと比べて直感的な理解がしづらい仕組みになっています。この直感的な理解のしづらさ、デザイン上の誘導がないインタフェースが、不安を生じさせる要因の一端です。

ファイル名を変更する操作を例に、視覚的なフィードバックの違いを体感してみましょう。GUIのエクスプローラーでは、ファイル名を変更すると**その場でファイル名が変更されたことが視覚的に確認できます**。対して、CLIでは次のように入力してファイル名を変更することになります(PowerShellでファイル名を変更する例です)。

```
> mv hoge.txt hogehoge.txt
```

hoge.txtのファイル名をhogehoge.txtに変更する

これでファイル名が変わったはずです……が、実際に「ファイル名が変わった」ことはCLI上ですぐに確認ができません。確認するためには、「ファイル名を表示するコマンド」を別に実行する必要があります。

このようにCLIでは、**「やりたいことを実行するコマンド」と「その結果を確認するコマンド」が別々の場合があります**。これを理解していないと「本当に実行できたのか?」という不安が解消されません。

エラーメッセージの意味がわからない

もう1つ、フィードバックに関連して重要な「エラーメッセージ」について解説します。コマンドの使い方が正しくない場合、あるいは使い方が正しい場合でも、コマンドはエラーメッセージを出力することがあります(図2-2)。そのエラーメッセージは英語で表示される場合が多く、何が書かれているのか、まったくわからないことがあります。意味不明な内容に不安を感じる人もいるかもしれません。

```
PS C:\Users\User> Get-Date /?
Get-Date : パラメーター 'Date' をバインドできません。値 "/?" を型 "System.DateTime" に
変換できません。エラー: "文字列は有効な DateTime ではありませんでした。"
発生場所 行:1 文字:10
+ Get-Date /?
+          ~~
    + CategoryInfo          : InvalidArgument: (:) [Get-Date]、ParameterBindingExceptio
   n
    + FullyQualifiedErrorId : CannotConvertArgumentNoMessage,Microsoft.PowerShell.Comm
   ands.GetDateCommand
```

図2-2　エラーメッセージの例（PowerShell）

また、エラーメッセージが出てしまうと、自分を否定されたとネガティブに捉えてしまう人もいます。そうなるとエラーメッセージを読むのを避けてしまう行動をとりがちです。エラーメッセージに立ち向かうためには、次のことを理解する必要があります(※2-1)。

- **エラーメッセージは、現在の状況を表現しているだけ**
- **エラーメッセージは、意味不明な呪文ではなく意味がある**

エラーが表示された際は、コマンドの正しい使い方をきちんと調べてみることも重要です。コマンドの使い方を調べる方法は2-3節で解説します。

※2-1　エラーメッセージの対処法については、シリーズ書籍の『コードが動かないので帰れません！』にて詳しい解説がされています。

自分の操作で壊れるのではと不安になる

次に「実行するコマンドで、何かを壊してしまうかもしれない」と不安になるあまり、先に進めなくなる場合があります。これは、前述したフィードバックの有無に関係しています。

何も反応がないと壊したかと思っちゃいます

GUIの場合は、たいてい結果にフィードバックがあります。変化した箇所が視覚的に確認できるので、意図通りにできているか直感的にわかります。変化した箇所を元に戻すこともできるでしょう。

一方で、結果を示すフィードバックが少ないCLIでは、次のことを事前に確認することが重要です。

- やりたいことをする方法
- やったことの状況を確認する方法
- 失敗した場合、元に戻す方法

これを操作の実行手順に置き換えると、次のような流れになります。

1. 現在の状態を確認する
2. やりたいことを実行する
3. 現在の状態を確認する
4. 間違っていたら修正・または元に戻す

「デスクトップ上のファイルの名前を変更する」操作を例に、考えてみましょう。

■ ①現在のファイル名を表示

まずは現在の状態を確認するため、ファイルの一覧を表示します。

```
> ls

    ディレクトリ: C:¥Users¥user¥Desktop

Mode                 LastWriteTime         Length Name
----                 -------------         ------ ----
-a----        2023/04/23      8:57             28 hoge.txt
```


■ ②ファイル名を変更

そして、今回の目的である「ファイル名の変更」を実行します。「hoge.txt」を「piyo.txt」に変更します。

```
> mv hoge.txt piyo.txt
```

mvはファイルの移動や、ファイル名を変更するためのコマンド

■ ③現在のファイル名を表示

続いて、実際にファイル名が変更されたか、再度表示して確認します。

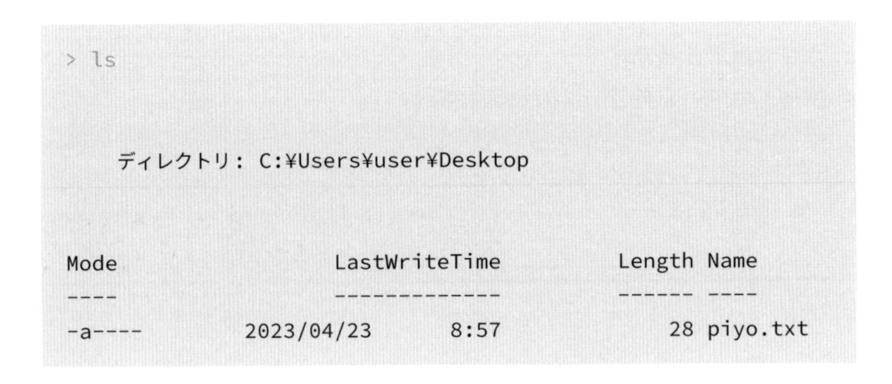

```
> ls

    ディレクトリ: C:¥Users¥user¥Desktop

Mode                 LastWriteTime         Length Name
----                 -------------         ------ ----
-a----        2023/04/23      8:57             28 piyo.txt
```

■ ④間違っていたので元に戻す

本当は違うファイル名にしたかったと気がついたので、元の「hoge.txt」に戻します。

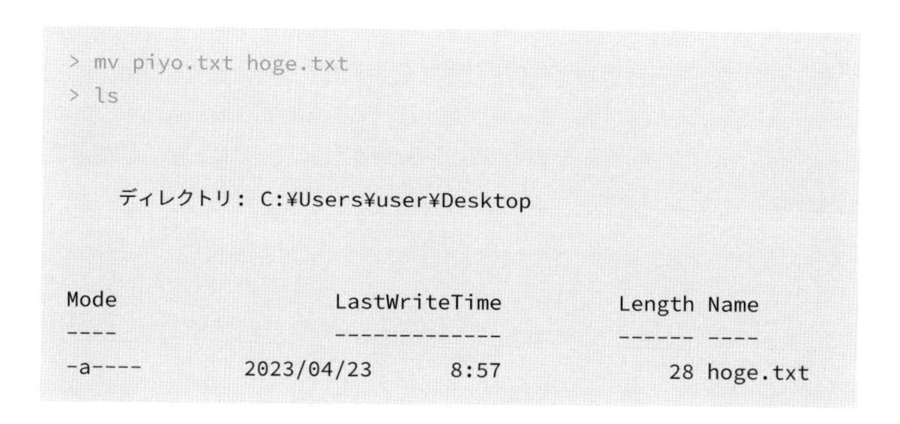

```
> mv piyo.txt hoge.txt
> ls


    ディレクトリ: C:¥Users¥user¥Desktop


Mode                 LastWriteTime         Length Name
----                 -------------         ------ ----
-a----        2023/04/23      8:57             28 hoge.txt
```

何も難しいことはありません。CLIでは何かをするときに、**結果を確認するコマンドをセットで把握しておく**ことが重要です。

処理を中断できないのではと不安になる

また、操作の途中で詰まってしまったときに、中断するための方法がわからない場合も不安になるかもしれません。

WindowsのGUIでは、何かアプリケーションに問題が生じて動かなくなってしまったとき、または長時間の処理が完了しないので諦めて中止したいとき、タスクマネージャーから該当のアプリケーションを強制終了できます。

CLIでも、同様に強制終了の操作ができます。方法は簡単で、[Ctrl] + [C] キーを押すだけです。この方法は、コマンドプロンプトでも、PowerShellでも、後述するLinux（WSL）における操作でも同じです。CLI上で何か問題が起きて、キーの入力を受けつけなくなったように見えても、落ち着いて [Ctrl] + [C] キーを入力すれば直前までの操作を中断できます。

例としてPowerShellにおける処理の中断を試してみます。PowerShellで以下の通り入力すると、プロンプトに戻らなくなります。何を入力しても「>>」と表示されるばかりで、元に戻りません（※2-2）。

```
> echo '
```

ここで、［Ctrl］＋［C］を入力してみると、「^C」と表示されて復帰できます。

```
> echo '
>>
>>
>> ^C      ［Ctrl］＋［C］で強制終了

>          復帰して新たなコマンドが打ち込めるようになる
```

問題が起きても、落ち着いて処理を中断しましょう！

※2-2　正確には「'」を入力すると戻ります。改行を含んだ文字をechoで表示したいときに使われる方法です。

2 - 2

コマンドでいつもの操作をやってみよう

GUIでできるほとんどのことは、CLIでも可能です。一見、GUIのほうが直感的でわかりやすく、何でもできるように感じますが、CLIには「少ないリソースで軽快に操作できる」「自動化しやすい」といったメリットがあります。そのため、慣れた人だとGUIとCLIを併用したり、CLIをメインに使用したりする人もいます。GUIでよく行う基本的な操作を、CLIで実現する方法を見ていきましょう。

いつもの操作からCLIに慣れていきましょう！

コマンドプロンプトとPowerShellについて

具体的な解説に入る前に、本節ではCLIの説明としてコマンドプロンプト（MS-DOS Shell）とPowerShell両方の操作を記載します。新しいPowerShellだけ説明すればよいのではと思うかもしれませんが、これには理由があります。まず、この2つには次のような違いがあります。

- コマンドプロンプト
  - 古いバージョンとの互換性のために残された機能であり、後継としてPowerShellが開発されている。しかし、多くのユーザが古くから慣れ親しんだ機能でもあるため現在でも利用者が多い
- PowerShell
  - 高機能であるが、まだ利用者が少ない

利用するツールとしては、長期的にはPowerShellに移行していくものと思われます。しかし、開発現場で求められる知識を取り上げる上で、現時点ではどちらも把握しておいたほうがよいと判断し、両方の解説を掲載しています。

サンプルファイルのダウンロード

読者の皆さんが、手元のPCで実際に操作を体験できるよう、解説で使用しているファイルを用意しました。書籍を読み進める上で、絶対にダウンロードしなければいけないものではありませんので、必要に応じてご利用ください。

■ 学習教材のダウンロードと展開

次のURLより、翔泳社のサイトにアクセスしてダウンロードできます。

https://www.shoeisha.co.jp/book/download/9784798182292

ダウンロードしたZipファイルを、皆さんのPCのデスクトップに展開しましょう。**デスクトップに「work」というフォルダが展開されていれば、準備完了です。**「work」フォルダの中には、サンプルファイルが章ごとのフォルダに分かれて整理されています。

時刻の表示

まずは現在時刻の表示を、GUIとCLIそれぞれで試してみましょう。CLIは前述の通りコマンドプロンプトとPowerShell、GUIはWindows11での操作を前提としています。

■ GUIでの操作

Windowsでは標準で画面の右下に現在時刻が表示されています（図2-3）。これには特別な操作は要りません。

図2-3　Windows11での現在時刻の表示

■ CLIでの操作（コマンドプロンプト）

コマンドプロンプトで現在時刻を表示してみます。コマンドプロンプトの起動方法は前章で解説しているので、必要に応じて参照してください。次のコマンドを入力することで、現在時刻を表示できます。

時刻を表示する（コマンドプロンプト）

```
> echo %date% %time%
```

次のように変更すると用途に合わせて、年月日だけや、時刻だけに絞って表示することも可能です。

```
> echo %date%
2023/04/16

> echo %time%
 8:17:20.33
```

■ CLIでの操作（PowerShell）

次にPowerShellでの実現方法です。コマンドプロンプトよりシンプルで、次のコマンドを入力すると日付と時刻が表示されます。「Get-」の部分は省略でき、dateだけでも実行可能です。

時刻を表示する（PowerShell）

```
> Get-Date
```

ディレクトリの移動

現在参照しているディレクトリを変更する方法です。普段GUIを使っている方にはピンとこないかもしれません。GUIとCLIそれぞれで例示して解説します。

■ GUIでの操作

Windowsではディレクトリのことをフォルダと呼びます（※2-3）。GUIにおけるディレクトリの移動は、エクスプローラーで任意のフォルダを開く操作が該当します。

エクスプローラーで参照しているフォルダを、デスクトップに展開したサンプルファイルのフォルダ（Desktop¥work¥ch02）に変更してみましょう。エクスプローラーのメニューから、デスクトップのアイコンをクリックし、続けて「work」→「ch02」とフォルダをダブルクリックすれば移動できます（図2-4）。

※2-3　厳密にはディレクトリとフォルダは定義が異なります。Windowsではディレクトリに加えて、「コントロールパネル」などの一部機能も含めてフォルダと総称しています。

図2-4　アイコンからの移動

また、エクスプローラーのアドレスバーに入力する形式でも移動できます。次のアドレスを入力します。[ご自身のユーザ名]の箇所は、ログインしているWindowsのユーザ名に置き換えて入力してみてください。

```
C:¥Users¥[ご自身のユーザ名]¥Desktop¥work¥ch02
```

■ CLIでの操作（コマンドプロンプト）

コマンドプロンプトで同様にディレクトリの移動をしてみます。「cd」というコマンドを使います（※2-4）。cdの後ろに半角スペースを1つ以上空けて、移動先のディレクトリ名を入力します。

ディレクトリの移動（コマンドプロンプト）

```
> cd [移動先のディレクトリ名]
```

※2-4　change directoryが語源です。コマンドプロンプトやPowerShellではchdirと入力しても同様に動作します。

第2章のサンプルファイルのディレクトリに移動するには、次のどちらかを入力します。

```
> cd C:\Users\[ご自身のユーザ名]\Desktop\work\ch02
```

```
> cd C:\Users\%USERNAME%\Desktop\work\ch02
```

ユーザ名がわからない場合は「%USERNAME%」と指定する

うまく成功すればプロンプトの表示が現在いるディレクトリに書き換わります（図2-5）。現在いるディレクトリのことをカレントディレクトリと呼びます。

```
コマンド プロンプト
Microsoft Windows [Version 10.0.22621.2428]
(c) Microsoft Corporation. All rights reserved.

C:\Users\User>cd C:\Users\%USERNAME%\Desktop/work/ch02

C:\Users\User\Desktop\work\ch02>
```

ディレクトリが変わっている

図2-5　プロンプトの表示

ちなみに、ご自身のユーザ名は次のコマンドで確認できます。

ユーザ名の確認（コマンドプロンプト）

```
> echo %USERNAME%
```

■ CLIでの操作（PowerShell）

PowerShellでのディレクトリの移動は、コマンドプロンプトと同じく「cd」を使います。

ディレクトリの移動（PowerShell）

```
> cd [移動先のディレクトリ名]
```

サンプルファイルのあるフォルダへ移動するコマンドは次のようになります。

```
> cd C:\Users\$env:username\Desktop\work\ch02
```

ユーザ名がわからない場合は「$env:username」と指定する

成功すればコマンドプロンプトと同様に、プロンプトの表示が現在のディレクトリに書き換わります（図2-6）。

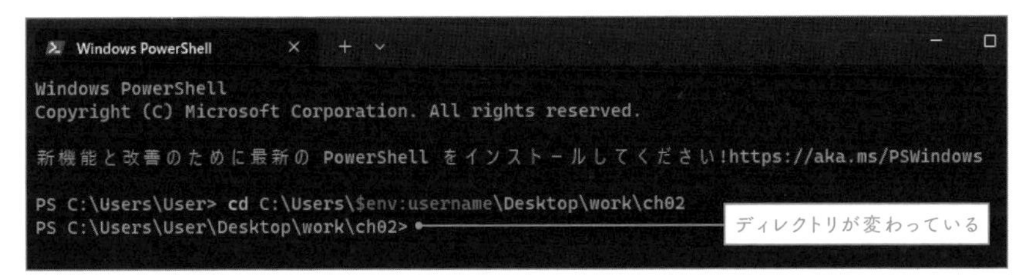

図2-6　プロンプトの表示

PowerShellで、ユーザ名を確認する方法は次の通りです。

ユーザ名の確認（PowerShell）

```
> echo $env:username
```

ファイルの一覧の表示

カレントディレクトリにあるファイルの一覧を表示してみます。

■ GUIでの操作

エクスプローラーでは、ディレクトリを移動した時点でファイルの一覧が表示されています。ファイルごとのさらに詳細な情報が知りたければ、エクスプローラー上で右クリックし、「表示」にカーソルを合わせ、その中から「詳細」を選択すればファイル一覧の表示が変わります。

■ CLIでの操作（コマンドプロンプト）

ファイル一覧を表示するには、dirと入力します。

ファイル一覧の表示（コマンドプロンプト）

```
> dir
```

実行結果は次のようになります。

```
 ドライブ C のボリューム ラベルは Windows です
 ボリューム シリアル番号は BE77-B76B です

 C:\Users\User\Desktop\work\ch02 のディレクトリ

2024/01/27  08:41    <DIR>          .
2024/01/27  08:41    <DIR>          ..
2024/01/24  18:44                 0 fuga.txt
2023/04/29  13:28               295 hoge.txt
2024/01/24  18:44    <DIR>          piyo
               2 個のファイル                 295 バイト
               3 個のディレクトリ  97,624,223,744 バイトの空き領域
```

ファイルの更新日時やサイズも合わせて表示されています。<DIR>と印のある部分はファイルではなく、ディレクトリであることを表現しています。

■ CLIでの操作（PowerShell）

PowerShellでは、Get-ChildItemと入力します。

ファイル一覧の表示（PowerShell）

```
> Get-ChildItem
```

実行結果は次のようになります。

```
    ディレクトリ: C:\Users\User\Desktop\work\ch02


Mode                 LastWriteTime         Length Name
----                 -------------         ------ ----
d-----        2024/01/24     18:44                piyo
-a----        2024/01/24     18:44              0 fuga.txt
-a----        2023/04/29     13:28            295 hoge.txt
```

コマンドプロンプトとほぼ同じ結果が表示されました。ただし、ディレクトリを表現している方法が異なります。左端のModeという列に「d」と表示されているのがディレクトリです。

PowerShellは後述するLinuxとなるべく同じ操作になるように設計されています。そのため同じ機能であれば、Linuxで扱うコマンドと同じ名前になるよう、**PowerShellの各コマンドに別名をつけている**のです（※2-5）。Linuxでファイル一覧を表示するコマンドはlsです。そのため、次のよう

※2-5　別名を作る機能はエイリアス（alias）と呼ばれます。あらかじめ用意されている別名を利用することもできますが、新たに自分で別名を作成することもできます。

に入力してもGet-ChildItemと同様の結果が得られます（※2-6）。

```
> ls
```

ファイルの内容の表示

特定のファイルの中身を表示しましょう。テキストファイルを例に見ていきます。

■ GUIでの操作

Windowsではテキストファイルのアイコンをダブルクリックすることでメモ帳が内容を表示してくれます（図2-7）。

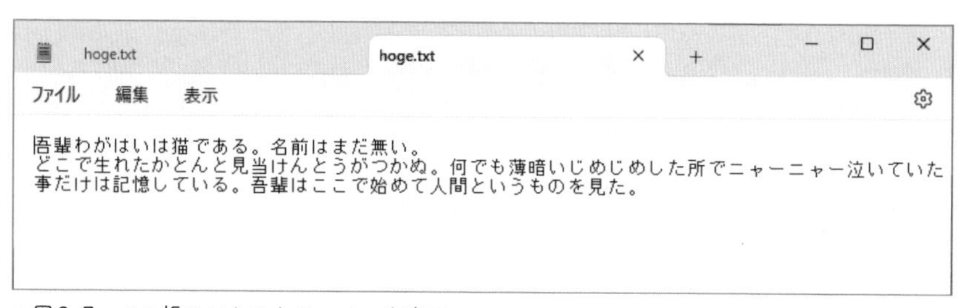

図2-7　メモ帳でテキストファイルを表示

■ CLIでの操作（コマンドプロンプト）

コマンドプロンプトでファイルの内容を表示するには、次のコマンドを入力します。

※2-6　dirとGet-ChildItemの出力結果が同じではないように、実際にLinuxでlsを実行した際の出力結果とは異なります。あくまで同じ機能に対してコマンド名を合わせているだけです。

ファイルの内容を表示する（コマンドプロンプト）

```
> type [表示したいファイル名]
```

カレントディレクトリにあるファイルであれば、ファイル名のみ指定すれば表示されます。異なるディレクトリにファイルが存在する場合はC:\Users\%USERNAME%\Desktop\hoge.txtのようにディレクトリパスまで指定する必要があります。実際に使用すると次のようにテキストファイルの内容を表示できます。

```
> type hoge.txt
蜷ｾ霈ｩ繧上′ 縺ｯ縺・・迪ｫ縺ｧ縺ゆｋ縲ょ錐蜑阪・縺ｾ縺□辟。縺・・
縺ｩ縺薙〒逕溘ｌ縺溘° 縺ｨ繧薙→隕句ｽ薙¢繧薙→縺・′ 縺、縺九＝縲ゆｽ
輔〒繧り埋證励＞縺倥ａ縺倥ａ縺励◆謇縺ｧ繝九Ε繝ｼ繝九Ε繝ｼ豕｣縺・
※縺・◆莠九□縺代・險俶・縺励※縺・ｋ縲ょ菫霈ｩ縺ｯ縺薙%縺ｧ蟋九ａ
縺ｦ莠ｺ髱薙→縺・≧繧ゅ・繧定ｦ九◆縲・
```

うわぁあああなんだこれは！

おっと！ 内容が文字化けしてしまいました。コマンドプロンプトは互換性を保つために、かつて一般的に使用されていた「CP932」という文字コード（文字を表す値）を前提にしています(※2-7)。現在、一般的に利用される文字コードは「UTF-8」なので、内容を正しく表示できなかったのです。

対策として、コマンドプロンプトで前提としている文字コードの設定を変えるという方法があります。まずは現在の文字コードを確認しましょう。chcpコマンドにより確認できます。

※2-7 開発現場では、CP932のことをShift JIS（シフトジス、エスジス）と呼ぶことがありますが、実は正確ではありません。

文字コードの確認（コマンドプロンプト）

```
> chcp
```

実行すると「現在のコード ページ: 932」と表示され、現在の文字コードはCP932と確認できました。変更するには、同じくchcpを使用します。オプションに65001を指定することで、UTF-8に変更できます（※2-8）。オプションはコマンドの動作を制御するためのものです。chcpのように決められた値を指定する形式や、ハイフン（-）またはスラッシュ（/）からはじまる形式など、コマンドごとにさまざまなオプションが存在します。

```
> chcp 65001
Active code page: 65001
```

もう一度typeで表示してみます。

```
> type hoge.txt
吾輩わがはいは猫である。名前はまだ無い。
どこで生れたかとんと見当けんとうがつかぬ。何でも薄暗いじめじめした所でニャー↩
ニャー泣いていた事だけは記憶している。吾輩はここで始めて人間というものを見た。
```

うまく表示できました。WindowsのGUIではメモ帳を開くとそのまま編集できますが、このコマンドはあくまで表示する機能だけです。そのため、開いたファイルをうっかり編集してしまうようなことがなく、ファイルの参照を安全に行うことができます。

文字コードは第4章でも詳しく解説しています（131ページ）

※2-8　なぜ65001かというと、歴史的経緯から1つの文字コードに対して複数の呼び方をしていることに起因しています。

■ CLIでの操作（PowerShell）

PowerShellでは、次のように入力します。コマンドプロンプトのtypeと同様に表示する機能だけで編集する機能はありません。

ファイルの内容の表示（PowerShell）

```
> Get-Content -Encoding utf8 [表示したいファイル名]
```

このコマンドもLinuxでの操作となるべく同じになるように意識して設計されています。Linuxコマンドに合わせた別名はcatです（※2-9）。

```
> cat -Encoding utf8 hoge.txt
吾輩わがはいは猫である。名前はまだ無い。
どこで生れたかとんと見当けんとうがつかぬ。何でも薄暗いじめじめした所でニャー⏎
ニャー泣いていた事だけは記憶している。吾輩はここで始めて人間というものを見た。
```

■ テキスト形式以外のファイル内容を確認するには？

テキストファイルの内容を表示するコマンドを解説しました（※2-10）。これらのコマンドではPDFやExcel、Wordなどのテキストファイル以外の形式のファイルを表示することはできません。

ただし、PowerShellには便利な機能があり、Invoke-Itemを利用するとファイルの種類に応じて関連付けされたアプリケーションでファイルを開くことができます（関連付けされたアプリケーションはたいていGUIですので、GUIのアプリケーションが起動します）。

※2-9　concatenate（連結する）の略語です。複数のテキストファイルを連結させる機能もありますが、もっぱら内容表示に使うことが主です。

※2-10　PowerShellでは正確にはコマンドレットと呼称しています。コマンドと同じ意味です。用語の混乱を避けるため本書ではコマンドと表記します。

ファイルの種類に応じてアプリケーションを開く（PowerShell）

```
> Invoke-Item [表示したいファイル名]
```

ファイル名の変更

次に、ファイル名を変更する操作を見ていきましょう。

■ GUIでの操作

Windowsではエクスプローラーでファイル名の変更ができます。変更したいファイルを選択して、右クリックし「名前の変更」を選択するか、もしくはF2キーを押すことで名前を変更できます（図2-8）。

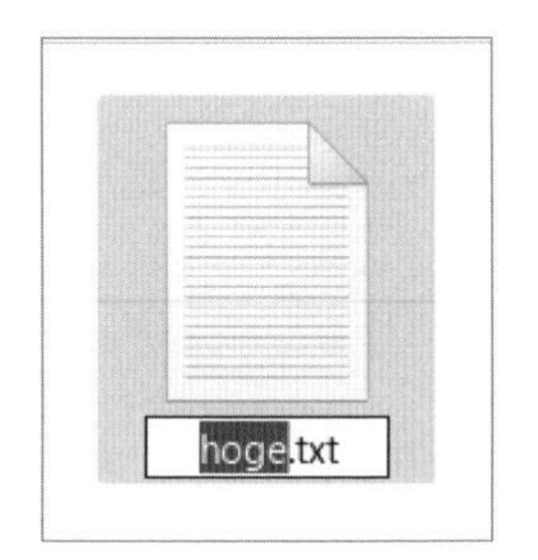

図2-8　エクスプローラーでファイル名の変更

■ CLIでの操作（コマンドプロンプト）

コマンドプロンプトでファイル名を変更するには、次のコマンドを入力します。

ファイル名の変更（コマンドプロンプト）

```
> ren [元のファイル名] [変更後のファイル名]
```

次に示すのは「hoge.txt」というファイルの名称を「hogehoge.txt」に変更する例です。意図通り変更されたか確認するために、続けてdirを実行します。

```
> ren hoge.txt hogehoge.txt
> dir
 ドライブ C のボリューム ラベルは Windows です
 ボリューム シリアル番号は BE77-B76B です

 C:\Users\User\Desktop\work\ch02 のディレクトリ

2024/01/27  10:32    <DIR>          .
2024/01/27  08:41    <DIR>          ..
2024/01/24  18:44                 0 fuga.txt
2023/04/29  13:28               295 hogehoge.txt
2024/01/24  18:44    <DIR>          piyo
               2 個のファイル                 295 バイト
               3 個のディレクトリ  97,567,895,552 バイトの空き領域
```

■ CLIでの操作（PowerShell）

PowerShellでは、次のように入力します。

ファイル名の変更（PowerShell）

```
> Move-Item [元のファイル名] [変更後のファイル名]
```

このコマンドもLinuxでの操作となるべく同じになるように意識して設計されています。Linuxコマンドに合わせた別名はmvです。

```
> mv [元のファイル名] [変更後のファイル名]
```

mvはmoveの略語です。ファイル名の変更にも、ファイルの移動にも利用できるコマンドです。例えば、次の入力ではfuga.txtをpiyoというディレクトリに移動する操作になります。

```
> mv fuga.txt piyo
> cd piyo
> ls


    ディレクトリ: C:\Users\User\Desktop\work\ch02\piyo


Mode                 LastWriteTime         Length Name
----                 -------------         ------ ----
-a----        2024/01/24     18:44              0 fuga.txt
```

ファイルの追記、上書き

GUIとCLIそれぞれの方法でファイルの追記、上書きをしてみます。「追記だけ行う」「上書きだけ行う」というのは、ピンとこないかもしれませんが、CLIで操作するときの特徴的な概念です。うまく利用することで、より効率的にファイルの編集ができるようになります。

■ GUIでの操作

WindowsのGUIでは「追記」「上書き」のみに限定した操作はありません。メモ帳を利用して編集する操作で実現できます。ファイル末尾に書き加えれば追記できますし、一度内容をすべて削除してから新しく書き直せば上書きになります。

■ CLIでの操作（コマンドプロンプト）

コマンドプロンプトにおけるファイルの追記、上書きを解説する前に、画面に任意の文字を表示するechoコマンドを紹介します。現在時刻を表示する際にも使用しました。

画面に文字を表示する（コマンドプロンプト）

```
> echo [表示したい文字列]
```

echoは画面への表示の代わりに、ファイルへの出力もできます。そして、このファイルに出力する機能で追記や上書きが可能です。この機能は**リダイレクト**と呼ばれています。書き方は、echoの書式に「>」と続けてリダイレクト先のファイルを指定します。リダイレクト先のファイルは上書きされる（元の内容が消える）ので注意してください。

ファイルの上書き（コマンドプロンプト）

```
> echo [上書きしたい文字列] > [対象のファイル]
```

追記は「>」の箇所を「>>」に変更するだけです。

ファイルの追記（コマンドプロンプト）

```
> echo [追記したい文字列] >> [対象のファイル]
```

リダイレクトは、コマンドの出力結果をファイルに保存したい際に利用できます。CLIの利用を続けていると、画面はどんどん文字で埋まり、古い内容は画面外に流れていってしまいます。そのため、「さっき実行したコマンドの結果をもう一度確認したい」といった場合に、確認ができなくなる状況が発生します。そのようなことが予見される場合は、リダイレクトを使用し、実行結果をファイルに保存しておくとよいでしょう。

■ CLIでの操作（PowerShell）

リダイレクトの機能ですが、PowerShellもまったく同じ書き方をします。Write-Outputコマンドに続けて、上書き・追記したいテキストとファイル名を指定します。

ファイルの上書き（PowerShell）

```
> Write-Output ［上書きしたい文字列］ > ［対象のファイル］
```

ファイルの追記（PowerShell）

```
> Write-Output ［追記したい文字列］ >> ［対象のファイル］
```

だいぶ黒い画面に慣れてきた気がします！

COLUMN

絶対パスと相対パス

本書の解説では、カレントディレクトリに操作対象のファイルがある前提で解説しています。しかし、目的のファイルが別のディレクトリに格納されているという状況が、CLIを操作する上ではよく発生します。これは「絶対パス」または「相対パス」という表現方法を使って指定することで対応できます。

例として、PowerShellで以下のディレクトリに格納されているhoge.txtの内容を表示する方法について解説します。

```
C:\Users\User\Desktop\hoge.txt
```

・絶対パス

絶対パスは、一番上の階層のディレクトリから目的のファイルまでの道筋を、すべて省略せずに表記する方法です。

次のように、ファイルの完全なパスを指定することで、どこにファイルが格納されていても対応できます。

```
> cat -Encoding utf8 C:\Users\User\Desktop\hoge.txt
```

・相対パス

相対パスは、カレントディレクトリから見た、目的のファイルへの道筋を表記する方法です。カレントディレクトリの直下にファイルがあれば、ファイル名だけで認識されます。

```
> cd C:\Users\User\Desktop
> cat -Encoding utf8 hoge.txt
```

次の例は、カレントディレクトリが「C:\Users\User」の場合です。カレントディレクトリから見て、Desktopディレクトリの下にhoge.txtがありますから、Desktop\hoge.txt と指定する必要があります。

```
> cd C:\Users\User
> cat -Encoding utf8 Desktop\hoge.txt
```

カレントディレクトリがCドライブ直下だったらどうでしょう。同じ考え方に基づき、Users\User\Desktop\hoge.txtと指定するだけです。

```
> cd C:\
> cat -Encoding utf8 Users\User\Desktop\hoge.txt
```

2-3

コマンドの使い方を知りたいときは？

コマンドが意図通りに動かなかった場合、正しい使い方やトラブルシューティングの方法を調査する必要があります。そのような場面における、具体的な調査方法について、紹介します。

コマンドで調べる方法

まず、**コマンドの使い方を確認するためのコマンド**が用意されています。実行することで、コマンドの仕様や使い方がCLI上に表示されます。

コマンドの使い方をコマンドで調べられるんだ！

調査のためのコマンドの一覧は次の通りです（表2-1）。本書の中盤から取り上げるLinuxコマンドの調べ方も記載しています。このいずれかの方法で、およそすべてのコマンドの公式の情報を参照できます。

表2-1 「コマンドの仕様や使い方」を調べるコマンド

環境	コマンド	用途
コマンドプロンプト	help	コマンドの一覧表示、 コマンドの詳細確認
PowerShell	Get-Command	コマンドの一覧表示
PowerShell	Get-help （helpやmanも同じ動作）	コマンドの詳細確認

環境	コマンド	用途
Linux	man	コマンドの詳細確認
Linux	info	コマンドの一覧表示、 コマンドの詳細確認

■ コマンドプロンプトでの確認方法

コマンドプロンプトでは、helpコマンドにより、使用できるコマンドの一覧を確認できます（※2-11）。

使えるコマンドの確認（コマンドプロンプト）

```
> help
```

実行結果は次のように表示されます。

```
特定のコマンドの詳細情報は、"HELP コマンド名" を入力してください
ASSOC       ファイル拡張子の関連付けを表示または変更します。
ATTRIB      ファイルの属性を表示または変更します。
BREAK       拡張 CTRL+C チェックを設定または解除します。
BCDEDIT     ブート データベースのプロパティを設定して起動時の読み込みを制御します。
CACLS       ファイルのアクセス制御リスト (ACL) を表示または変更します。
CALL        バッチ プログラム中から、別のバッチ プログラムを呼び出します。
CD          現在のディレクトリを表示または変更します。
CHCP        有効なコード ページ番号を表示または設定します。
CHDIR       現在のディレクトリを表示または変更します。
(省略)
```

※2-11　helpの内容が英語で表示された場合は、前述の文字コードの設定が影響しています。一度コマンドプロンプトを終了し、改めてコマンドプロンプトを起動して確認してみてください。

helpに続けて、確認したいコマンドを指定するとコマンドの詳細な使い方が表示されます。

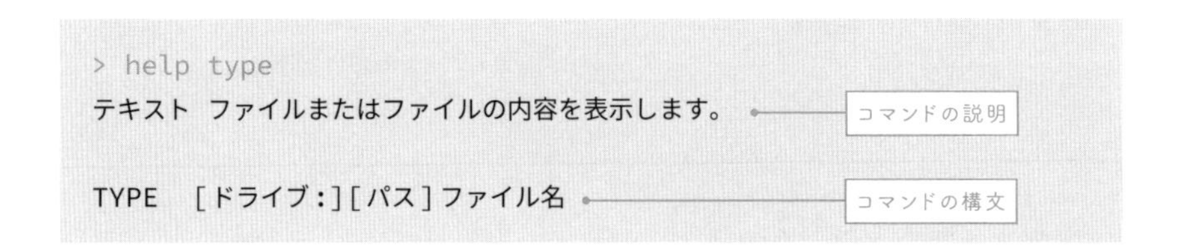

コマンド自体にも、それぞれの使い方を確認するオプションが用意されています。次に示すのは、typeコマンドで使い方を確認する例です。コマンドプロンプトで使用されるコマンドは、「/?」が使い方を説明するオプションとして統一されています。

```
> type /?
テキスト ファイルまたはファイルの内容を表示します。

TYPE [ドライブ:][パス]ファイル名
```

■ PowerShellでの確認方法

PowerShellでは、Get-Commandコマンドにより、使用できるコマンドの一覧を確認できます。

使えるコマンドの確認（PowerShel）

```
> Get-Command
```

実行結果は次のようになります。

```
CommandType     Name                                          Version    Source
-----------     ----                                          -------    ------
Alias           Add-AppPackage                                2.0.1.0    Appx
Alias           Add-AppPackageVolume                          2.0.1.0    Appx
Alias           Add-AppProvisionedPackage                     3.0        Dism
Alias           Add-ProvisionedAppPackage                     3.0        Dism
Alias           Add-ProvisionedAppSharedPackageContainer      3.0        Dism
Alias           Add-ProvisionedAppxPackage                    3.0        Dism
Alias           Add-ProvisioningPackage                       3.0
Provisioning
Alias           Add-TrustedProvisioningCertificate            3.0
Provisioning
(省略)
```

量が多いため、目的のコマンドを見つけるのに苦労するかもしれません。**ワイルドカード**を利用することで、目的のコマンドの絞り込みができます。ワイルドカードとは、検索に用いる特別な記号のことです。表2-2に示す2種類があります。

表2-2 ワイルドカードで使われる記号と意味

ワイルドカード	意味
*	長さ0文字以上の任意の文字列
?	任意の一文字

ワイルドカードを利用してGet-Commandを使ってみます。例えば、探したいコマンドについて、「Get-C……」というところまで覚えている場合です。「`> Get-Command Get-C*`」と入力することで、Get-Cからはじまるすべてのコマンドを表示してくれます。

```
> Get-Command Get-C*

CommandType     Name                                               Version    Source
-----------     ----                                               -------    ------
Function        Get-ClusteredScheduledTask                         1.0.0.0    ScheduledTasks
Cmdlet          Get-Certificate                                    1.0.0.0    PKI
Cmdlet          Get-CertificateAutoEnrollmentPolicy                1.0.0.0    PKI
Cmdlet          Get-CertificateEnrollmentPolicyServer              1.0.0.0    PKI
Cmdlet          Get-CertificateNotificationTask                    1.0.0.0    PKI
Cmdlet          Get-ChildItem                                      3.1.0.0    Microsoft.PowerShell.Management
Cmdlet          Get-CimAssociatedInstance                          1.0.0.0    CimCmdlets
Cmdlet          Get-CimClass                                       1.0.0.0    CimCmdlets
(省略)
```

Get-からはじまり、残り4文字のコマンドを探したいといった場合には、「> Get-Command Get-????」と入力すると探すことができます。

```
> Get-Command Get-????

CommandType     Name                                               Version    Source
-----------     ----                                               -------    ------
Function        Get-Disk                                           2.0.0.0    Storage
Function        Get-Verb
Cmdlet          Get-Date                                           3.1.0.0    Microsoft.PowerShell.Utility
Cmdlet          Get-Help                                           3.0.0.0    Microsoft.PowerShell.Core
Cmdlet          Get-Host                                           3.1.0.0    Microsoft.PowerShell.Utility
Cmdlet          Get-Item                                           3.1.0.0    Microsoft.PowerShell.Management
```

文字数がわからないときは「*」、わかるときは「?」を使うんだね

各コマンドの詳細は、Get-helpコマンドで確認できます。PowerShellの仕様により「Get-」は省略できるので、helpだけで実行できます。コマンドプロンプトのhelpと同じ名前になりますが、別のものです。helpのみを実行すると、help自身の説明が表示されます。

```
> help


トピック
    Windows PowerShell のヘルプ システム

概要
    Windows PowerShell のコマンドレットと概念に関するヘルプを表示します。

詳細説明
    Windows PowerShell ヘルプでは、Windows PowerShell コマンドレット、
    関数、スクリプト、およびモジュールと、Windows PowerShell 言語の
    要素などの概念について説明します。

    Windows PowerShell にヘルプ ファイルが含まれていなくても、オンラインでヘルプ トピックを
    参照できます。また、Update-Help コマンドレットを使用してヘルプ ファイルを
    コンピューターにダウンロードし、Get-Help コマンドレットを使用してコマンド ラインで
    ヘルプ トピックを表示できます。
(省略)
```

コマンドプロンプトと同様に、helpに続けて確認したいコマンドを指定すると、コマンドの詳細な使い方が表示されます。

```
> help cat

名前
    Get-Content
```

```
構文
    Get-Content [-Path] <string[]>  [<CommonParameters>]

    Get-Content  [<CommonParameters>]


エイリアス
    gc
    cat
    type
(省略)
```

またGet-Helpは、さらに親切な機能があります。-Onlineオプションを付与して実行すると、ブラウザ経由で最新バージョンのより詳細な説明を参照できます（図2-9）。

```
> help -Online cat
```

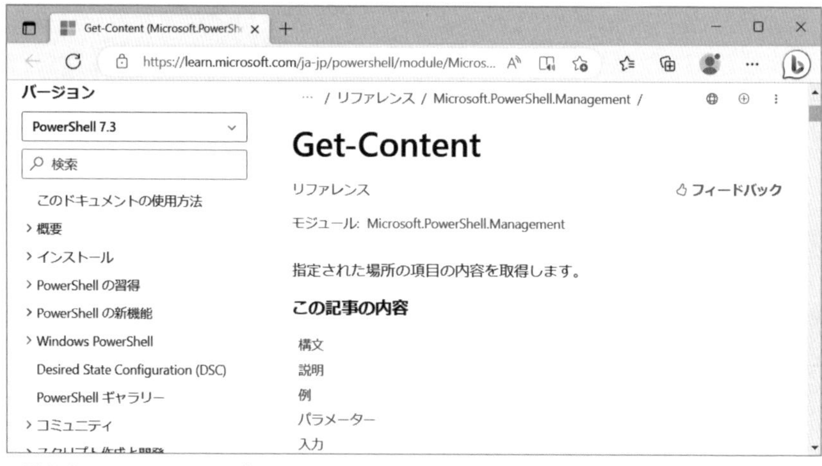

図2-9　オンラインヘルプ

Webから調べる方法

公式のドキュメントでは説明が難解だったり、もっと手っ取り早く概要を把握したかったりすることもあります。そのような場面で、コマンドに関する情報をWebで効率的に調べる方法を解説します。

■ 検索のコツ

Googleなどの検索エンジンでは、シェル名（MS-DOSやPowerShell、bash）やOS名（WindowsやLinux）と合わせて検索するのがコツです。Linux限定になりますが、シェル名やOS名の代わりに、「manpage」と入力することで目的の情報をさらに探し出しやすくなります。

```
[シェル名またはOS名] [知りたいコマンド]
```

中には、シェル名やOS名を入れないと目的の情報を絞れないことがあります。例えば、catだけで検索するとcatコマンドではなく猫が検索にヒットします。

また、もう1つ注意が必要な点があります。検索キーワードには、コマンドのオプションとしてよく使われる「-」からはじまる語を使わないようにしましょう。Googleをはじめとした検索エンジンでは、「"-" からはじまる言葉は検索結果から除外する」という条件があります。

例を見てみましょう。次に示すのは、PowerShellでファイル名の一覧を出力するコマンドです。-Filterオプションにより拡張子がtxtだけのファイルを表示するようにしています。

```
> Get-ChildItem -Filter *.txt
```

このコマンドとオプションの意味を知りたい場合、そのまま入力すると前述の条件が適用されて、「"Filter" を含む検索結果」が除外されてしまいます。そのため、次のように「-」を除いて検索する必要があります。

```
Get-ChildItem Filter
```

■ 目的別の情報収集

CLIではやりたいことと、その状況を確認する方法が別々のコマンドになっている場合があると説明しました。それぞれ、次の検索方法を使うことで目的の情報にたどり着けるはずです。

```
[シェル名またはOS名] [任意のやりたいこと]をする方法
```

```
[シェル名またはOS名] [任意の知りたい状態]を確認する方法
```

検索結果は複数件ヒットするかと思いますが、1つだけ参照するのではなく、複数のサイトを確認して情報に誤りがないか担保するようにしましょう。

第 3 章

Linuxコマンドの世界へ！

ところで
コマさんは
Linuxコマンドを
知っていますか？
おわっ!!!
Linuxの
名前は聞いた
ことあります
けど…！？

CLIの操作はLinuxでこそ
真価を発揮しますから
覚えておいて損はありません！
はあ…

例えば
「grep」は便利な
Linuxコマンドの1つです
ぐれっぷ？
「grep」
- 指定した文字列を
検索できる

文字列を検索
…てことは…

今やってるエラーログの探索も
もっと楽にできますか…？
code EACCES
errno -13
syscall access

もしかして
「目grep」を
していたの…？
ハイ…
え〜っと…
何行目まで
読んだっけ？
「目grep」
- 目視で行うgrep
- 大変

Linuxは、世界中で最も広く使われているOSの1つです。サーバやクラウド、スマートフォン、ゲーム機、組み込みシステムなど、さまざまな用途で利用されています。

Linuxを使いこなすためには、コマンドの知識が欠かせません。コマンドを使えば、ファイルやディレクトリの操作、プログラムの実行、システムの設定など、さまざまな作業を効率的に行うことができます。

そこで本章では、CLIを使う機会の多いLinuxと、そのコマンドについて、実際の操作を体験しながら解説します。

Linuxの使い方をマスターすることで、最初は不気味に感じるかもしれない黒い画面も、非常に便利なツールとして捉えることができるようになるでしょう。それではLinuxコマンドの世界へ旅立ちましょう！

3-1

Linuxとは？

Linuxという言葉を聞いたことはあるでしょうか。**Linuxは、オープンソースのOSの1つ**です。WindowsやmacOSと同じ位置づけのものと捉えるとイメージしやすいでしょう。また、LinuxはCLIでの操作が多いため、本書のテーマとも関連の深いトピックです。

普段意識していなくとも、日常生活で使っているコンピュータでLinuxが使われています（図3-1）。例えば、買い物の支払い、インターネットの閲覧先、スマートフォンの利用……などなど、Linuxを利用せずに生活することは難しいくらいです。

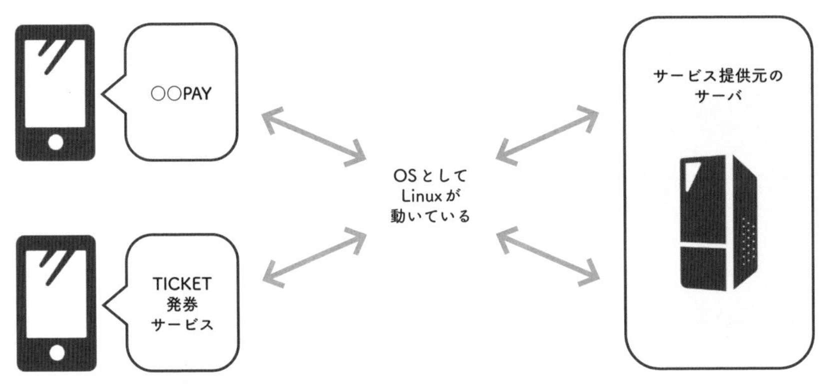

図3-1　日常生活の中でLinuxが利用されている

そのため、コンピュータシステムやサービスの開発においてもLinuxを利用するのが主流になっています。クラウドコンピューティングで用意されているSaaS（※3-1）も、多くはLinuxで動作しています（図3-2）。

※3-1　Software as a Serviceの略称。特定のソフトウェアの機能を、OSやミドルウェアを意識することなくインターネット経由で利用できるオンラインサービスのこと。

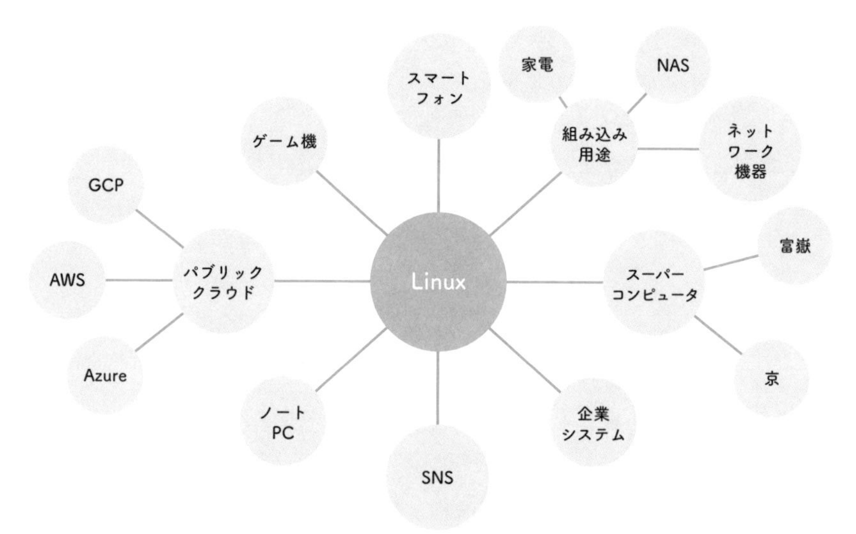

図3-2　Linuxは日常生活のあらゆる場面で使われている

意外とたくさんのところで使われているんだね

Linuxディストリビューションとは？

図3-2でスマートフォンが示されています。ここで「スマートフォンのOSはAndroidじゃないの？」という疑問を持った方もいるかもしれません。このような混乱が起こるのは、OSという言葉が指す意味が広いためです。OSという言葉には、次のように狭義と広義の定義があります。

OSという言葉には捉え方がいくつかあることに注意です

■ 狭義のOS

OSの中には複数のソフトウェアが存在しており、中でも重要なのがカーネルと呼ばれるOSの中核的な部分である、と1-2節で触れました。「狭義のOS」の定義では、このカーネル部分をOSと呼んでいます。Linuxカーネルを指して「OSはLinuxです」と文章や会話で使われます。

■ 広義のOS

OSの中には複数のソフトウェアが存在している、とお伝えしました。カーネル単独では何も操作できないため、シェルをはじめとしてさまざまなソフトウェアが必要になります。それらソフトウェアをひとまとめにして、扱いやすい状態にしてあるものが「広義のOS」と定義されています。

Linuxにおいては、さまざまな団体や企業が、さまざまな用途向けに使いやすいよう、ソフトウェアをひとまとめにして用意しています。これを**Linuxディストリビューション**と呼びます。

AndroidもLinuxディストリビューションの1つです。そのため、Linuxディストリビューションを指して「OSはAndroidです」と文章や会話で使われます。つまり「OSはLinuxです」も「OSはAndroidです」も間違っておらず、会話の文脈に合わせて使い分ける必要があります。

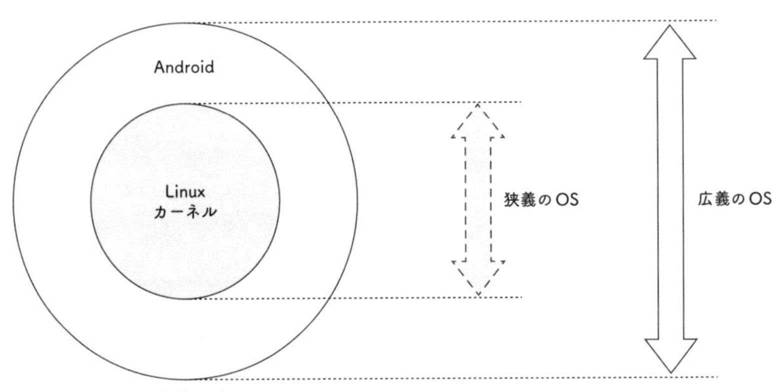

図3-3　OSの定義の違い

このLinuxディストリビューションですが、把握しきれないほど数多く存在します。利用数の多い代表的なディストリビューションをご紹介します（表3-1）。

● 表3-1　利用数の多い代表的なLinuxディストリビューション一覧

ディストリビューション	説明
Android	Googleが開発したスマートフォン向けOS
ChromeOS	Googleが開発したWebの閲覧とウェブアプリケーションの動作に適したOS
Debian	Debian Projectと呼ばれるコミュニティによって作成されたLinuxディストリビューション
Ubuntu	Debianを母体としたOSであり、カノニカル社から支援を受けて開発されている
Red Hat Enterprise Linux	レッドハット社によって開発、販売されている業務向けのLinuxディストリビューション
Fedora	レッドハットが支援するFedora Projectによって開発されているLinuxディストリビューション
CentOS Stream	レッドハットが支援するThe CentOS Projectによって開発されているLinuxディストリビューション
AlmaLinux	CloudLinux社によって開発されたRed Hat Enterprise Linuxの互換OS
Rocky Linux	Rocky Enterprise Software Foundationによって開発されたRed Hat Enterprise Linuxの互換OS
Amazon Linux	AWSが提供するLinuxディストリビューション

3-2

どうしてコマンドは統一されていないの？

前章では、実際にコマンドプロンプトとPowerShellを使ってコマンドを実行しました。それぞれで同じことをしようとすると、実行するコマンドが異なっていたことを覚えているでしょうか。これは、本章で取り上げたLinuxでも同様です。OSごとにコマンドが異なるのはなぜなのでしょうか。このような状況に至るまでの歴史的な経緯について紹介します。

みんな同じコマンドが使えたら効率的なのにね

これにはOSの進化の歴史が関係しているんです

OSの変遷

現在ではWindows、Linux、macOSなど多種多様なOSが存在します。これらのOSは、まったくゼロから生み出されたのではなく、その時点で存在していた他のOSを参考にして、または流用して作られています。そのため、**生物の進化における「祖先」のようなOS**があり、まるで系統樹のように表現できます（図3-4）。

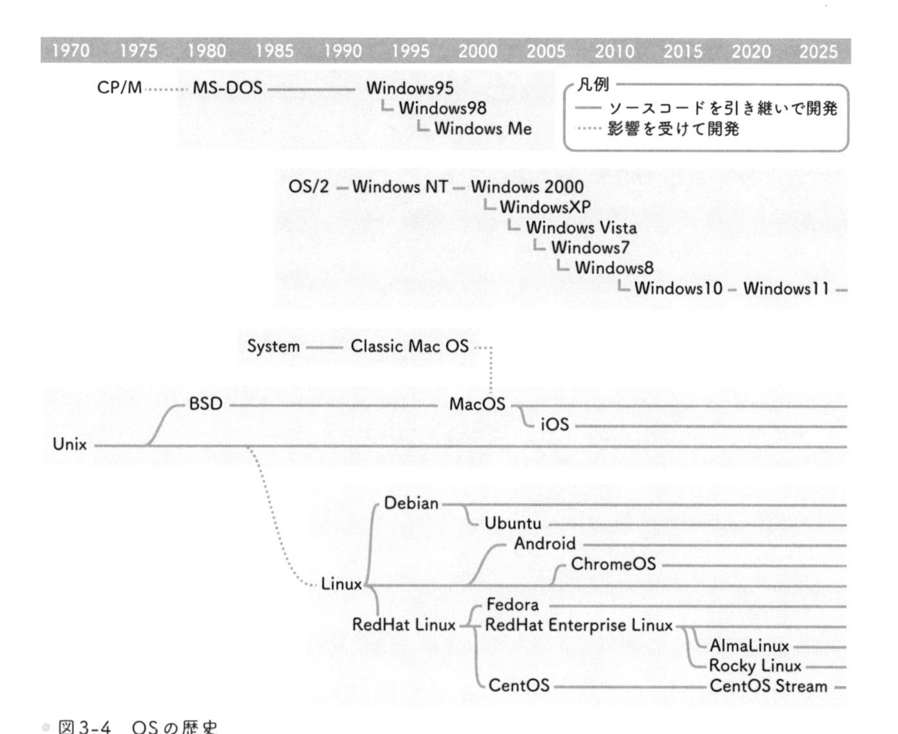

図3-4　OSの歴史

後に開発されるさまざまなOSの祖先ともいえるOSが**Unix**です。OS黎明期には多数のOSが生まれましたが、それらは先駆けて開発されていたUnixから大きな影響を受けています。Unixの影響を受けた多数のOSは、その仕様を踏襲したり、独自に発展したりとさまざまな進化を遂げました。どのように進化していったのか、現代でよく使われるOSに焦点を当てて紐解いてみます。

■ macOS

初期のmacOS（Systemと呼ばれていました）はUnixとは別に作られていましたが、「Mac OS X」と呼ばれるバージョンを境にBSD系Unixをベースに作り直されました。そのため、CLIでの操作はUnixと同等です。macOSは、現代で最も多く使われている一般消費者向けのUnixとなりました。

■ Linux

Unix互換OSとしてリーナス・トーバルズ氏がゼロから作ったのがLinuxです。Unixからのソースコード流用はありませんが、互換性を意識して作られたため、CLI操作におけるUnixとLinuxの違いはほぼありません（※3-2）。

■ Windows

Windowsは少し複雑です。Unixに影響を受けたCP/Mを参考に、MicrosoftはMS-DOSを作りました。この時点でUnixからは少し離れてしまったため、独自の操作感になっています。MS-DOSの後継として、OS/2が作成され、そこから進化して現代で使用されるWindows11までつながっています。互換性維持のために、Windows11でもMS-DOSと同等の操作ができるのは先に実践した通りです。

それぞれ互換性が異なるのにはこういった背景があるんです

※3-2　厳密には、一部コマンドのオプションや仕様が異なっている場合があります。これはGNUと呼ばれるソフトウェアを採用しているかどうかの差に由来しています。

3-3

異なるOS間で同じ操作にするには？

Unix誕生からしばらくして、OS間の互換性を維持するために標準化の動きが起こりました。そして**POSIX**と呼ばれる規格が制定されました。

ぽ、ぽじっくす……？

POSIXとは

POSIXではシェルやコマンド、ソースコードの仕様（API）の標準化を行っています。つまり、**POSIXに準拠していれば、同じシェルやコマンドが使えるようになった**ということです。現状のPOSIX適合状況は表3-2の通りです。

表3-2　各OSのPOSIX適合状況

OS	POSIX適合状況
macOS	POSIX準拠（IEEEという機関から認証を受けている）
Linux	POSIXにおおむね準拠（Linuxディストリビューションに依存するため、すべてではない）
Windows	POSIX準拠ではない

Windowsは POSIX準拠ではありませんが、Windows10以降で**Windows Subsystem for Linux（WSL）**と呼ばれるPOSIXと互換の機能を提供するようになりました。

Windowsも含めた主なOSは、POSIXに準拠、またはPOSIXと互換の機能を提供するようになってきています。知らないOSを扱う機会があったとしても、POSIXに準拠しているOS（macOS、Linux、WindowsのWSL、その他Unix系OS）のCLIであれば、学習なしである程度扱えるようになりました。

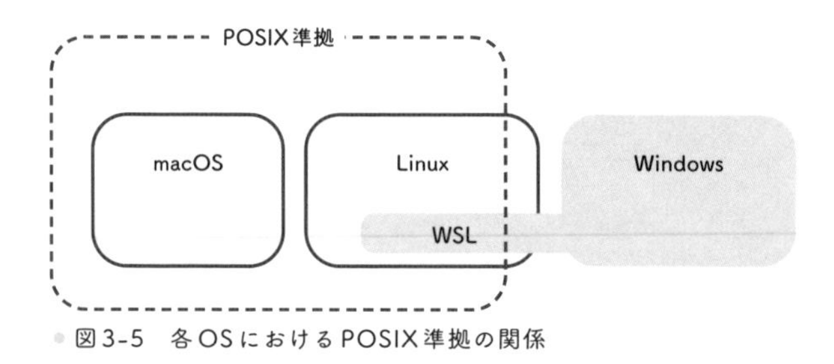

図3-5　各OSにおけるPOSIX準拠の関係

OSごとに適合状況が異なることを押さえておきましょう

POSIXの範囲を超えた機能拡張

POSIXに準拠している環境を使えば、どのOSでもCLIであれば同じ操作が可能です。LinuxやmacOSではターミナルエミュレータを起動するだけで、その環境になります。Windowsでは、WSLを導入することで同様のことができるようになります。

ただし2点ほど、厳密には違いがある部分があります。とはいっても、設定を変更すれば同様にできる部分です。

■ シェルが異なる場合がある

OSによっては、最初に導入されるシェルが異なっている場合があります。シェルが異なると、シェルが内包するコマンド（ビルトインコマンドや内部コマンドと呼ばれます）や、文法が異なります。

そのため、後述するシェルスクリプトの書き方などに違いが生じる場合があります。ここで「POSIX準拠の環境でも差異が生じるのか」と疑問に思った方もいるかもしれません。POSIXの範囲では同じ仕様ですが、それぞれのシェルが機能を拡張しているために、違いが生まれています。とはいえ、そこで「POSIXの仕様の範囲だけで操作するようにしよう」とするのは非効率で現実的ではありません。シェルの便利な拡張機能を利用しつつ、操作を統一するには「**どの環境でも同じシェルを使う**」という方法がよいでしょう。

現状、多くのLinuxディストリビューションは、**bash**（バッシュ）をデフォルトのシェルとして採用しています。そのため常にbashを利用するようにしていれば、シェルの仕様の違いを意識しないで済むようになります。本書もWSLの操作の解説ではbashを使用します（※3-3）。

COLUMN

bashとは？

Windowsと異なり、UnixやLinuxでは多種多様なシェルを利用できます。これはさまざまな人たちが、オープンソースであるシェルのソースコードに改良を加えたり、参考にして新たに作成してきたからです。

その結果、OSに祖先があるように、シェルにも祖先が存在す

※3-3　ちなみにmacOSはbashではなくzshが標準となっていますが、bashに切り替えることができます。

るものがあります。bashは、Bourne Shellと呼ばれるシェルを改良したものです。Bourne Shellは、bashの他にdashやzshの祖先でもあります。操作性や各種機能、文法などは、それらシェルごとに異なっています。次に示すのはLinuxで利用できる主なシェルの一覧です（表3-A）。

● 表3-A　Linuxで利用できる主なシェルの一覧

シェル名称	概要
tcsh	C言語に似た記法のシェル
dash	DebianやUbuntuで使われている比較的軽量なシェル
bash	現在最も広く利用されている高機能なシェル
zsh	macOSのデフォルトシェルとしても採用されている高機能なシェル
fish	わかりやすさ、ユーザフレンドリさに重点を置いたシェル

CLIの操作に慣れてきたら、自分好みのシェルを探してみるのも面白いかもしれません。ちなみに、自分が現在何のシェルを使用しているかは、次のコマンドで確認できます。

```
$ echo $0
-bash
```

■ GNUを採用していない場合がある

広義のOSの定義について3-1節で解説しました。カーネルは単独では何も操作できないため、シェルをはじめとしてさまざまなソフトウェアが必要になります。このさまざまなソフトウェアを**GNU**（※3-4）と呼ばれるプロ

※3-4　グニュー、またはグヌーと発音します。

ジェクトが開発しています。

GNUとは、Unix系OS、もしくはLinuxと関連するソフトウェア群をフリーソフトウェアとして開発・公開するプロジェクトの名称です。フリーソフトウェアのみで構成されるOSを実現する目的で作られました。

LinuxはGNUを採用しており、CLIによる操作において一般的に利用されるコマンドのほとんどはGNUによって作られています。

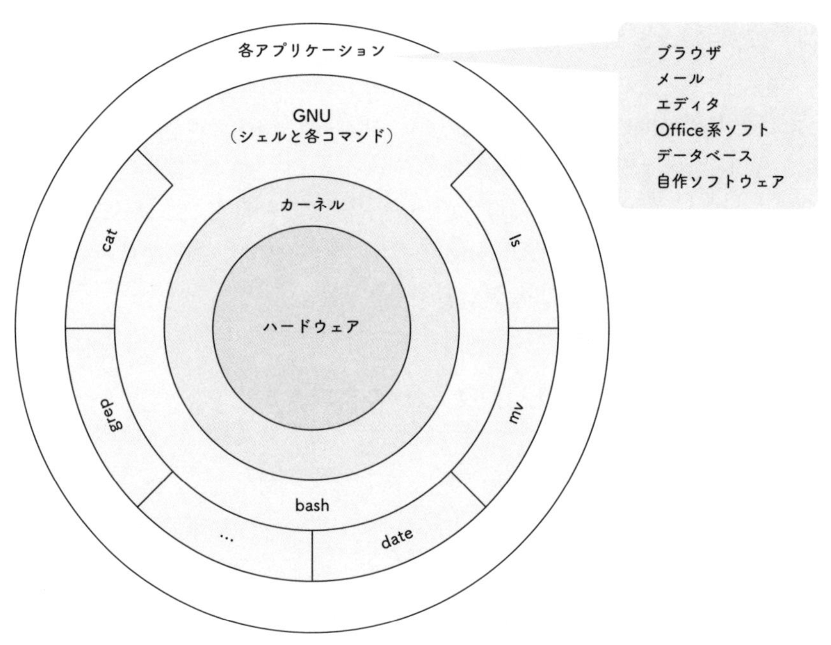

図3-6 GNUのカバー範囲

ではUnixを祖先に持つmacOSはどうかというと、GNUを標準では導入していません。そのため、一般的に利用されるコマンドで多少の仕様の差異が存在します。シェルと同様に、POSIXの範囲では同じ仕様ですが、それぞれのコマンドが機能を拡張しているために違いが生まれています。GNU版のコマンドは後から導入できるため、この差異はなくすことができます。

3-4

WSLを使ってみよう

WindowsやmacOSはGUIでほぼ操作できるため、CLIを操作する機会はさほど多くありません。一般的な使用用途に限れば、CLIの操作は避けて扱うことができます。一方で、LinuxではCLIを操作する機会が多くあります。CLIを使いこなそうと思ったとき、Linuxはたくさんの便利なコマンドを用意しています。そのため、CLI操作の習得においてLinux（またはUnix系OS）はうってつけなのです。

そんなLinuxですが、導入自体のハードルはそれほど高くありません。新しくPCを用意して個別にLinuxをインストールすることなく、手持ちのWindowsのPCで手軽に扱うことができます。

WindowsでLinuxを……そんなことできるんだ！

環境を用意する

それではWindowsのPCにLinuxが動作する環境を導入してみましょう。Windows上で動作するLinux環境を導入するにはいくつか方法があります。本書では、比較的導入が容易でかつ扱いやすい方式としてWSLの導入をご紹介します。

WSL（Windows Subsystem for Linux）はWindowsに標準で備わっている機能で、追加の費用などは発生しません。WSLはWSL 1とWSL 2と呼ばれる2つのバージョンがありますが、本書ではWSL 2を使用しています。特別な事情がなければWSL 2を使用してください（デフォルトで

WSL 2を利用する設定になっているため、特に意識する必要はありません)。WSL 2を使用してLinuxディストリビューションの1つである**Ubuntu**を導入します。

本書では「Ubuntu 20.04 LTS」のバージョンを導入しています。ただし、このバージョンに無理に合わせる必要はなく、最新バージョンを導入してかまいません。本書の内容は以上の環境を前提に記載していますが、一般的なLinuxディストリビューション環境であれば同様に動作するはずです。

WSLによるUbuntuのインストール

公式には以下のサイトに説明があります。本書では要点を手順にして示します。

- WSLを使用してWindowsにLinuxをインストールする
  https://docs.microsoft.com/Ja-jp/windows/wsl/install

■ ① PowerShellを管理者権限で起動する

まずは、PowerShellを管理者権限で起動します。スタートメニューの検索ボックスに「powershell」と入力し、表示された結果から「管理者として実行する」を見つけてクリックしてください(図3-7)。

図3-7　検索ボックスからPowerShellを見つけ、管理者権限で起動する

■ ②インストール対象のLinuxディストリビューションを確認する

表示されたターミナルエミュレータに次のコマンドを入力して［Enter］キーを押します。wslはWSL環境のインストールや各種設定、操作を行うコマンドです。

```
> wsl -l -o
```

wslの-lオプションは、インストールできるLinuxディストリビューションの一覧を表示するという意味で、-oオプションはインターネット経由で最新情報を取得するという意味です。

実行すると次のような結果が表示されます。NAMEの列に「Ubuntu」があることを確認します。

```
> wsl -l -o
インストールできる有効なディストリビューションの一覧を次に示します。
'wsl.exe --install <Distro>' を使用してインストールします。

NAME                                   FRIENDLY NAME
Ubuntu                                 Ubuntu
Debian                                 Debian GNU/Linux
kali-linux                             Kali Linux Rolling
Ubuntu-18.04                           Ubuntu 18.04 LTS
Ubuntu-20.04                           Ubuntu 20.04 LTS
Ubuntu-22.04                           Ubuntu 22.04 LTS
OracleLinux_7_9                        Oracle Linux 7.9
OracleLinux_8_7                        Oracle Linux 8.7
OracleLinux_9_1                        Oracle Linux 9.1
SUSE-Linux-Enterprise-Server-15-SP4    SUSE Linux ⮐
Enterprise Server 15 SP4
openSUSE-Leap-15.4                     openSUSE Leap 15.4
openSUSE-Tumbleweed                    openSUSE Tumbleweed
```

■ ③Linuxディストリビューションを指定してインストールする

続けて次のコマンドを入力して、[Enter] キーを押します。

```
> wsl --install -d Ubuntu
```

-dの後に「Ubuntu」と指定していますが、②で確認した他のLinuxディストリビューションを設定してもよいです。本書と環境を合わせたい場合は「Ubuntu-20.04」を指定してください。

インストールの過程で、次のようにUbuntuのユーザ名の入力を促すメッセージ（Enter new UNIX username:）が表示されます。任意のユーザ名を設定してください。これはWindowsのユーザ名とは関連しません。

```
> wsl --install -d Ubuntu
インストール中: Ubuntu
Ubuntu がインストールされました。
Ubuntu を起動しています...
Installing, this may take a few minutes...
Please create a default UNIX user account. The username ⏎
does not need to match your Windows username.
For more information visit: https://aka.ms/wslusers
Enter new UNIX username:    ユーザ名を設定して[Enter]を押す
```

続けてパスワードの入力を促されます。任意のパスワードを設定してください。これもWindowsのパスワードとは関連しません。パスワード漏洩を防ぐために入力しても画面に反映されません。打ち間違いがないか確認するために、同じパスワードを2度入力する必要があります。

```
New password:    パスワードを設定して[Enter]を押す
Retype new password:    もう一度パスワードを入力して[Enter]を押す
```

最後に次のメッセージが表示された後、再び操作を受けつける状態になったら完了です。無事に完了できたら、PowerShellを終了させます。

```
Installation successful!
```

これでインストールは完了です！　あとは簡単な設定を済ませましょう

■ ④Ubuntuのターミナルエミュレータを起動する

スタートメニューの検索ボックスに「ubuntu」と入力し、表示された結果から「開く」を見つけてクリックしてください。ターミナルエミュレータが起動します（図3-8）。

図3-8　検索ボックスからUbuntuを見つけ、起動する

ターミナルエミュレータには次の通りに表示されます（図3-9）。

```
user@WinDev2303Eval: ~
To run a command as administrator (user "root"), use "sudo <command>".
See "man sudo_root" for details.

user@WinDev2303Eval:~$ |
```

図3-9　起動時のターミナルエミュレータの表示

ユーザからの入力を促すプロンプトが表示されています。プロンプトは、次の内容を表現しています。

プロンプト

```
[さきほど設定したユーザ名]@[このPCのコンピュータ名]:[カレントディレクトリ]$
```

カレントディレクトリの箇所が「~」と表現されていますが、これは**ホームディレクトリ**を指す特別な表現です。ホームディレクトリは各ユーザの起点となる場所で、通常/home/[ユーザ名]になります。

■ ⑤パッケージの更新とアップグレードをする

それでは続けて次のコマンドを入力して、パッケージの更新とアップグレードを行いましょう。WindowsではWindows Updateに相当する操作です。Windowsとは別にアップデートする必要があります。実行時にパスワードの入力を求められますが、さきほど設定したパスワードを入力してください。実行すると、アップデートが開始されます。sudoは、一般ユーザが一時的にroot権限でプログラムを実行するコマンドです。root権限については、節の終わりのコラムで詳しく解説しています。

```
$ sudo apt update && sudo apt -y upgrade
```

■ ⑥日本語化関連パッケージをインストールする

次にUbuntuを日本語化します。まず、日本語言語パックをインストールします。

```
$ sudo apt -y install language-pack-ja
```

ロケールを日本語に設定します。利用者の言語や地域（日付や時刻、通貨の表示形式）に合わせるための設定項目です。

```
$ sudo update-locale LANG=ja_JP.UTF8
```

ここで一度、Ubuntuのターミナルエミュレータを終了させ、再度立ち上げます。次のコマンドを入力することで、Ubuntuのターミナルエミュレータが終了します。

```
$ exit
```

終了したら、前述の手順で再度ターミナルエミュレータを起動させてください。

続いて、タイムゾーンを日本（JST）に設定します。日本時間はUTC（協定世界時）から9時間の時差があるため、Linux内で時差を考慮した表示をするよう設定します。設定しない場合、手元の時計と9時間ずれた日時が表示されます。

```
$ sudo dpkg-reconfigure tzdata
```

居住地を選択する画面が表示されます。「アジア」→「東京」の順に選択してください（図3-10、図3-11）。カーソルで項目を選び、[Enter] キーを押します。

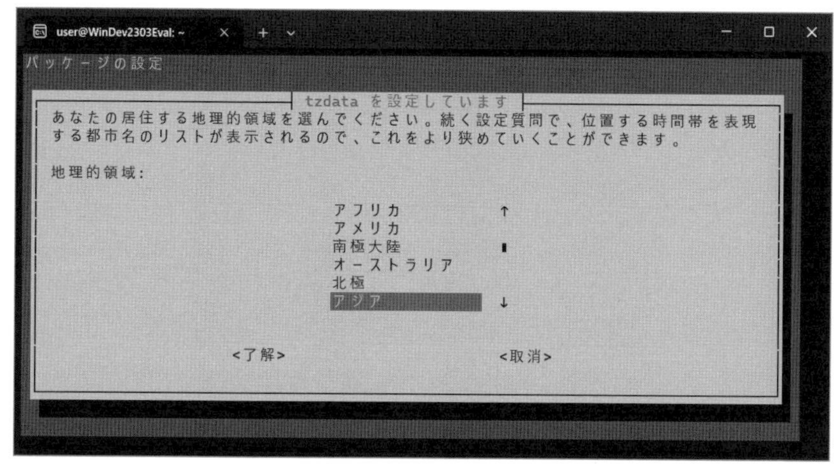

図3-10　tzdata設定（地理的領域）

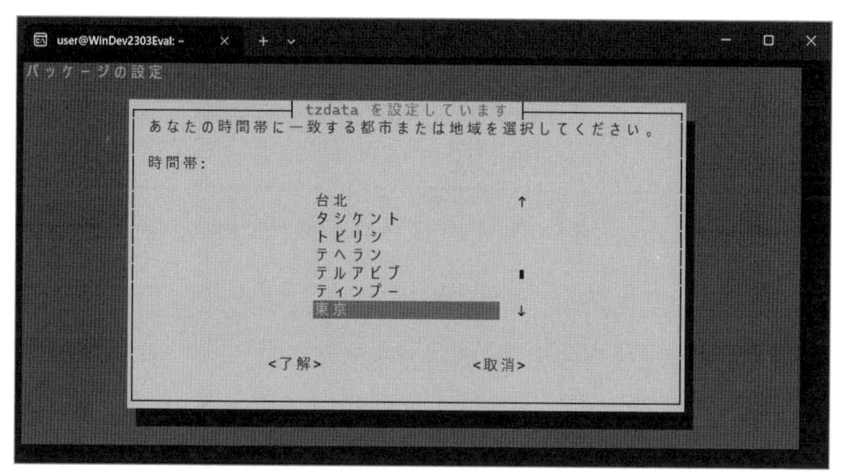

図3-11　tzdata設定（時間帯）

日本語マニュアルをインストールします。これでひととおり問題なく使える環境が揃いました。

```
$ sudo apt -y install manpages-ja manpages-ja-dev
```

■ ⑦便利なコマンドのインストール

日常的な作業において便利なコマンドを追加でインストールします。次の通り入力して、複数のコマンドを一度にインストールしましょう。ここで導入したコマンドは本書の第4章以降で使用します。

```
$ sudo apt -y install nkf zip unzip ncal
```

次のコマンドが使えるようになります（表3-3）。calのように、インストール時に指定したパッケージ名と、導入したコマンドの名前が一致しない場合があります。

● 表3-3　導入したコマンド

コマンド	概要
nkf	文字コードの変換
zip	zip形式のファイルへ圧縮
unzip	zip形式のファイルを展開
cal	カレンダーを表示

特定のコマンドは事前にインストールが必要なので注意です

■ ⑧Ubuntuを最新バージョンにする

最後にUbuntuを最新バージョンにする手順を示します。これは実施しなくてもかまいませんし、すでに最新バージョンであれば不要です。時間がかかりますが、気になる人は実施してみてください（本書の内容には影響しません）。

まず、ディストリビューションのアップグレードに必要なパッケージをインストールします。

```
$ sudo apt dist-upgrade && sudo apt install ⮐
update-manager-core
```

ディストリビューションのアップグレードを行います。適宜確認がありますが、画面の指示に従って入力して進めてください。

```
$ sudo do-release-upgrade -d
```

アップグレード完了後、ターミナルエミュレータを終了して、また再度起動させます。これでUbuntuを最新にできました。

「cat /etc/os-release」を入力することで、Ubuntuのバージョンを確認できます。次に示すのは執筆時における筆者の環境での実行結果です。Ubuntuは定期的にバージョンアップします。読者の皆さんが実行したタイミングによっては、異なる結果になっているかもしれません。

```
$ cat /etc/os-release
PRETTY_NAME="Ubuntu Noble Numbat (development branch)"
NAME="Ubuntu"
VERSION_ID="24.04"
VERSION="24.04 (Noble Numbat)"
VERSION_CODENAME=noble
ID=ubuntu
ID_LIKE=debian
HOME_URL="https://www.ubuntu.com/"
SUPPORT_URL="https://help.ubuntu.com/"
BUG_REPORT_URL="https://bugs.launchpad.net/ubuntu/"
PRIVACY_POLICY_URL="https://www.ubuntu.com/legal/⮐
terms-and-policies/privacy-policy"
UBUNTU_CODENAME=noble
LOGO=ubuntu-logo
```

やっと設定が終わった！ さっそく使ってみよう！

COLUMN

root（システムの管理者権限）について

Ubuntuのインストールや設定は、root権限（システムの管理者権限）を使用して行っています。rootは、一般ユーザではできないシステムの変更が可能であり、あらゆるファイルの参照・編集・削除が可能です。そのため操作ミスでシステムを壊してしまうリスクがあります。

sudoは、一般ユーザが一時的にroot権限でプログラムを実行するコマンドです。sudoを実行する際は、特に慎重に作業しましょう。

3-5

Linuxコマンドを使ってみよう

では、さっそくLinuxを操作してみましょう。まずはコマンドプロンプトやPowerShellと同じ操作をしてみます。コマンド名が異なるだけで本質的には同じ操作ができることがわかるはずです。

Linuxにはたくさんの便利なコマンドや、便利な使い方（文法）がありますので、あわせて解説します。

コマンドプロンプトと同じ操作をしてみよう

では、改めてUbuntuのターミナルエミュレータを起動しましょう。スタートメニューの検索ボックスからUbuntuを見つけてクリックしてください。ubuntuの代わりにwslと入力しても同様に起動できます（図3-12）。

図3-12　Ubuntu(WSL)の起動

ちなみに、ターミナルエミュレータを終了させる方法は複数あります。終了させるときは好みに合わせてどれかを選択してください。

- exitと入力する
- logoutと入力する
- 〔Ctrl〕＋〔d〕キーを押す
- ターミナルエミュレータのウィンドウ右上の×で閉じる

では第2章で実践した操作をLinuxでも試してみましょう。以降の操作解説は、第3章のサンプルファイルのディレクトリ（ch03）で行うことを想定し、記述されています（ディレクトリの移動は、この後の解説で実際に行います）。サンプルファイルのダウンロードは38ページをご覧ください。

■ 時刻の表示

現在時刻の表示は以下の通り入力します。

時刻の表示

```
$ date
```

■ ディレクトリの移動

ディレクトリの移動は、コマンドプロンプトやPowerShellと同様にcdコマンドで行います。

ディレクトリの移動

```
$ cd [移動先のディレクトリ名]
```

ただし、WindowsとLinuxでは、ディレクトリの表現が異なる点に注意が必要です。例えば、次のように入力するとエラーになります。

```
$ cd C:\Users\user\Desktop
-bash: cd: C:UsersuserDesktop: そのようなファイルやディレクトリは⮐
ありません
```

Windowsは、ディスクやDVD-ROMなどのメディアごとにCドライブ、Dドライブ……とドライブが割り当てられています。Linuxには、このドライブの概念がありません。ルートディレクトリと呼ばれる「/」からはじまるディレクトリの階層構造ですべて表現されます。では、このCドライブやDドライブは、どのように表現されているかというと、特定のディレクトリに紐づいて表現されます。Cドライブであれば /mnt/c になります。

では、このディレクトリ構造の関係に基づいて、第3章のサンプルファイルのフォルダに移動してみます。[ご自身のユーザ名]の箇所は、Windowsでログインしたユーザ名に置き換えてください。ディレクトリの区切り文字も表現が異なり、「\」から「/」に変更する必要があります。

```
$ cd /mnt/c/Users/[ご自身のユーザ名]/Desktop/work/ch03
```

やや変則的ですが、次のように入力すれば、Windowsでログインしたユーザ名に置き換えて実行してくれます。

```
$ cd /mnt/c/Users/$(whoami.exe|cut -d\\ -f2|tr -d \\r)/⮐
Desktop/work/ch03
```

ちなみに、WindowsからLinux（Ubuntu）のディレクトリへアクセスすることもできます。エクスプローラーでLinuxと表示されている箇所があるので確認してみてください（図3-13）。

図3-13　エクスプローラーからLinuxのファイルを参照

■ファイルの一覧の表示

ファイル一覧を表示するには、以下の通り入力します。

ファイル一覧の表示

```
$ ls
```

実行結果は次のようになります。

```
access.log  fruit.txt  fuga.txt  hoge.txt  piyo  吾輩は猫で⮐
ある.txt
```

更新日時やサイズなど、より詳しい情報を表示するには-alオプションを加えます。

```
$ ls -al
total 1200
drwxrwxrwx 1 kanata kanata    4096 Jan 24 18:45 .
drwxrwxrwx 1 kanata kanata    4096 Jan 22 21:24 ..
-rwxrwxrwx 1 kanata kanata  104285 May  2  2023 access.log
-rwxrwxrwx 1 kanata kanata      29 May  2  2023 fruit.txt
-rwxrwxrwx 1 kanata kanata       0 Jan 24 18:44 fuga.txt
-rwxrwxrwx 1 kanata kanata     328 Jun  4  2022 hoge.txt
drwxrwxrwx 1 kanata kanata    4096 Jan 24 18:44 piyo
-rwxrwxrwx 1 kanata kanata 1120767 May  1  2023 吾輩は猫で⮐
ある.txt
```

■ファイルの内容の表示

ファイルの内容を表示するには、次の通りに入力します。コマンドプロンプトやPowerShellでは、文字コードを意識する必要がありました。Ubuntuでは、標準でUnicode（UTF-8）が採用されているため、特別なオプションなしで表示できます。

ファイルの内容の表示

```
$ cat [表示したいファイル名]
```

■ファイル名の変更

ファイル名を変更するには、次の通りに入力します。

ファイル名の変更

```
$ mv [元のファイル名] [変更後ファイル名]
```

mvはファイル名の変更と同時に、ファイルの移動にも利用するコマンドです。例えば、次の入力では、hoge.txtをpiyoというディレクトリに移動する操作になります。

```
> mv hoge.txt piyo
> cd piyo
> ls
hoge.txt
```

■ファイルの追記、上書き

ファイルの追記、上書きを解説する前に、画面に任意の文字を表示するechoコマンドを紹介します。コマンドプロンプトやPowerShellと同じコマンド名です。

任意の文字を表示する

```
$ echo [表示したい文字列]
```

リダイレクト機能は、コマンドプロンプトやPowerShellと使い方が同じです。上書きする場合は、「>」で出力先ファイル名を指定します。

ファイルの上書き

```
$ echo [上書きする文字列] > [対象のファイル]
```

追記は「>>」で出力先ファイル名を指定します。

ファイルの追記

```
$ echo [追記する文字列] >> [対象のファイル]
```

コマンドの使い方を調べる

Linux（Ubuntu）では、コマンドの使い方を調べる方法がいくつか存在します。

■ aproposコマンド

Linuxはたくさんのコマンドが用意されているので、目的のコマンドを忘れることもあります。そんなときはaproposコマンドが便利です。aproposの引数に検索ワードを指定することで、関連コマンドを調べてくれます。

コマンドを調べる

```
$ apropos -s1 [検索ワード]
```

例えば、ファイルをコピーするコマンドを調べる場合は、次のようにします。

```
$ apropos -s1 ファイル -a コピー
apple_cp (1)           - apple ファイルをコピーし、リソースフォークもコピーする
cp (1)                 - ファイルやディレクトリのコピーを行う
cpio (1)               - アーカイブファイルへのファイルのコピーや、アーカイブフ...
dd (1)                 - ファイルの変換とコピーを行う
objcopy (1)            - オブジェクトファイルのコピーや変換を行う
rcp (1)                - リモートファイルのコピー
uucp (1)               - Unix to Unix CoPy。システム間でファイルのコピーを行う
```

「ファイル」と「コピー」に関連する候補が表示されました。ここまでくれば、目的のコマンドを見つけられそうですね。aproposの-s1オプションは、対象のコマンドを絞るために付与しています。実はaproposでは、OSの仕様やプログラミングに関することも調査できるのですが、コマンドを調べる目的のために除外しました。

-aは、ANDを表します。「ファイル」かつ「コピー」に関係しているコマンドを検索してくれます。この-aオプションがなければ「ファイル」または「コピー」に関係しているコマンドを検索するため、より多くの候補が表示されます。

```
$ apropos -s1 apro
apropos (1)              - マニュアルページの名前と要約文を検索する
```

■ manコマンド

Linuxで利用できるコマンドの詳細情報は、manコマンドによって確認できます。

コマンドの使い方を調べる

```
$ man [使い方を知りたいコマンド]
```

図3-14はlsコマンドの使い方を調べた際の例です。

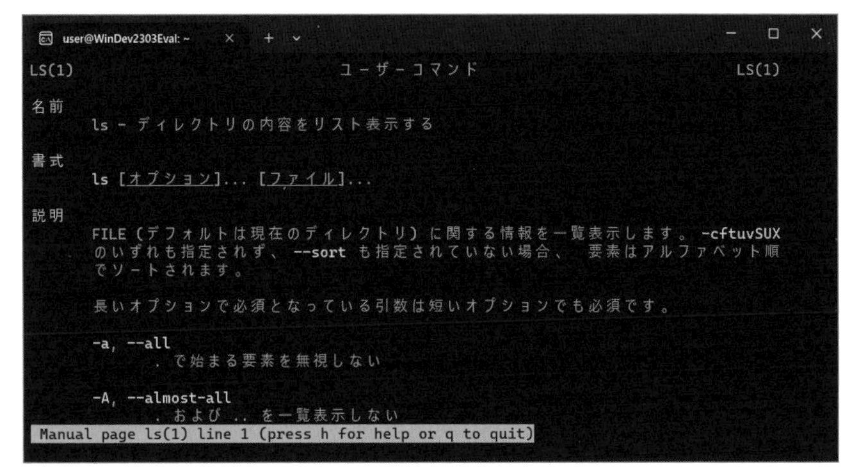

図3-14　manの実行例

manは、catのように表示して終了ではなく、表示した内容に対して操作を受けつけるようになっています。目的の情報を探しやすくするために、いろいろな操作方法が用意されていますが、慣れるまでは次の方法だけ覚えておけば問題なく調べることができます（表3-4）。

表3-4　よく使うmanの操作キー

キー操作	意味
h	使用方法の説明
q	manの終了
↓ または e または j	1行下にスクロール
↑ または y または k	1行上にスクロール

キー操作	意味
/	文書内の検索（続けて検索ワードを入力する）
n	検索結果の次の候補を表示
N	検索結果の前の候補を表示

■ infoコマンド

infoコマンドでもコマンドの詳細情報を確認できます。

コマンドの使い方を調べる

```
$ info [使い方を知りたいコマンド]
```

lsコマンドの使い方を調べると、次のように結果が表示されます。

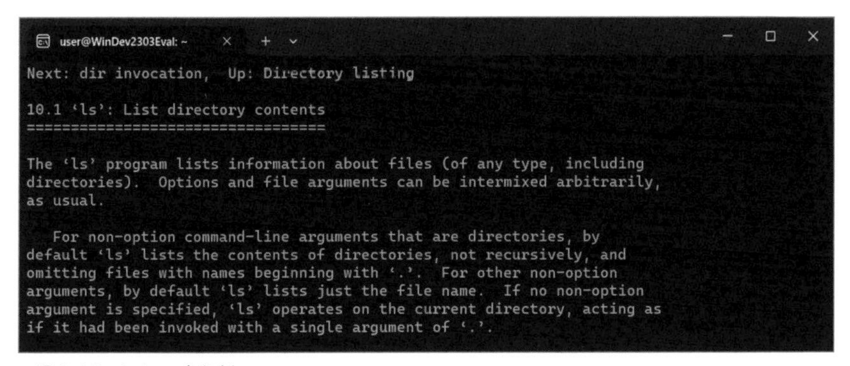

● 図3-15　infoの実行例

manのように日本語化はされていません。manと同様に、いろいろな操作方法が用意されていますが、慣れるまでは次の方法だけ覚えておけば問題なく調べることができます（表3-5）。

●表3-5　よく使うinfoの操作キー

キー操作	意味
h	使用方法の説明
q	manの終了
↓	1行下にスクロール
↑	1行上にスクロール
/ または s	文書内の検索（続けて検索ワードを入力する）
}	検索結果の次の候補を表示
{	検索結果の前の候補を表示

manとinfoという似た機能を持つ2つのコマンドですが、歴史的な経緯で2つ用意されています。Unixで古くから使われていたのがmanです。manはPOSIXで規定されていますので、POSIXに準拠していればどの環境でも使えます。infoはGNUによって作られているので、たいていのLinuxであれば利用できます。日常的に使う分には、好きなほうを使って問題ありません。

■コマンドの--helpオプション

コマンド単体でも使い方を確認するオプションが用意されています(※3-5)。次のように --help オプションを付与することでコマンドの簡単な使い方を確認できます。

```
$ cat --help
使用法: cat [オプション]... [ファイル]...
Concatenate FILE(s) to standard output.

FILE の指定がなかったり, - であった場合, 標準入力から読み込みます.
(省略)
```

※3-5　少数ですが、helpが用意されていない例外的なコマンドや、--helpとは異なるオプションになっているコマンドがあります。

3 - 6

コマンドをつなぐ

Linuxのシェルを操作する上で大変便利な手法を解説します。コマンド同士をつなぎあわせて、**1つのコマンドの処理結果をもとに、さらに別のコマンドで処理する**手法です。

この手法を身につければ、やりたいこと、やらなければいけないことがあったとき、その場でぱっと処理できるようになります。処理結果が誤っていれば、すぐに修正して再実行もできます。これをプログラミングで実現しようとすると、プログラムソースファイルを作成して修正してコンパイルして……という手順を踏むため、なかなか効率的にはいきません。無限に発想を組み合わせられる、コマンドをつなぐ方法を習得しましょう。

コマンドを組み合わせて使えるってこと?

この方法は一度覚えると手放せなくなりますよ!

パイプ

コマンドは簡単につなぐことができます。次のように記述します。

コマンドをつなぐ

```
$ [command1] | [command2]
```

このように記載すると[command1]の、画面に表示する予定だった出力結果が[command2]に渡されます。コマンドはいくつでも好きなだけ連結でき、[command2]の後ろに[command3]、[command4]とつなぎ続けることができます。「|」は**パイプ**（パイプライン）と呼ばれます（※3-6）。コマンドの処理結果が次のコマンドにパイプを通って渡されるイメージです。

```
$ [command1] | [command2] | [command3]
```

図3-16　パイプを利用したコマンドをつなぐ概念

この方法を駆使すると、さまざまなことを1行のコマンドで実現できます。現役のエンジニアが日常的に使っている手法です。例として、パイプを利用した処理を実際にいくつか試してみます。

行数を数える

まずは簡単な例を紹介します。ファイルの行数を数える方法です。例えば、プログラムソースコードの規模をざっと計測するとき、この方法で実現できます。

ファイルの行数を数える

```
$ cat [任意のテキスト形式のファイル] | wc -l
```

わかりやすい実例として、青空文庫（※3-7）から「吾輩は猫である」を拝借しましたので、これで試してみます。

※3-6　1（数字のイチ）やl（英小文字のエル）ではないことに注意してください。一般的な日本語キーボードではBack Spaceキーの左隣のキーをShiftキーを押しながら入力します。

※3-7　著作権の保護期間が終了した作品や著者が許諾した作品を、電子化して無償で提供しています（https://www.aozora.gr.jp）。

```
$ cat 吾輩は猫である.txt | wc -l
2376
```

2376行あるようです。wcは文字や単語、行数などを数えてくれるコマンドです。最初に実行されるコマンドはcatである必要はなく、別のコマンドでももちろんかまいません。wcはパイプから受け取った内容を処理してくれます。

表示される内容を流さない

他の例もご紹介します。さきほど使用した「吾輩は猫である.txt」ですが、2376行ありました。この中身をcatコマンドで確認しようとすると大変です。ファイルの内容がどんどん流れていってしまい、最初のほうが読めなくなります。

このような大量の出力結果を流さないようにできるlessというコマンドがあります。catで表示する代わりにlessを使うことで表示が流されずに済みます。終了するには［q］キーを押してください。

```
$ less 吾輩は猫である.txt
```

catにパイプでlessを付け加えるだけでも同じ処理になります。

```
$ cat 吾輩は猫である.txt | less
```

それでは、これがテキストファイルではなく大量の出力結果を表示するコマンドではどうでしょう。例えば、次のような例では、そのままlessに置き換えられません。

```
$ less ls --help
ls: そのようなファイルやディレクトリはありません
--help: そのようなファイルやディレクトリはありません
```

lsコマンドの詳細を調べたいが直接lessでは参照できない

こんなときにパイプが役に立ちます。次に示すのは、lsの使い方を調べようとした際の対応です。説明文が長いため1画面に収まりきらないのですが、パイプを使ってlessにつなぐことで冒頭から確認できます。

```
$ ls --help | less
```

同様の機能を持ったコマンドとしてmoreがあります。lessとの違いはほぼありませんが、lessのほうが検索機能などが用意されていて高機能です。

```
$ ls --help | more
```

第5章ではこの手法を使って、さまざまな作業の効率化を実践しますよ

3-7

grepコマンドで効率化

自身が使えるコマンドを増やせば、それらを組み合わせてどんどん効率的に作業ができるようになります。前述のコマンドに加えてgrepコマンドを解説します。今まで説明したコマンドとgrepを組み合わせれば、さらにさまざまな作業を効率化できます。

特定の言葉が含まれる行を抽出する

grepを使えば、大量にある情報の中から必要な情報に絞り込めます。grepは引数で指定した言葉が含まれる行を抽出してくれます。

特定の文字列が含まれる行を探す

```
$ grep [探したい文字列] [探す対象のファイル名]
```

```
$ grep banana fruit.txt    ← bananaが含まれる行を抽出
banana
$ grep e fruit.txt         ← eが含まれる行を抽出
apple
orage
peach
```

例として、実際によくあるログ解析の作業をgrepで試してみます。次に示すのは、アクセスログ（※3-8）からエラーを効率的に確認する例です。

※3-8 インターネットでWebにアクセスした際の記録です。ログ内容は架空のもので、「flog」(https://github.com/nityanandagohain/flog)により生成しています。

まずは内容をそのまま表示して、目視によりエラーがないか確認してみます。

```
$ cat access.log
227.174.123.250 - - [02/May/2023:17:00:54 +0900] "PUT /⮐
compelling/aggregate/target/e-services HTTP/1.1" 302 21993
154.23.39.14 - - [02/May/2023:17:00:54 +0900] "GET /⮐
e-business HTTP/1.0" 100 6288
216.124.206.20 - haley8028 [02/May/2023:17:00:54 +0900] ⮐
"GET /portals/unleash HTTP/2.0" 201 21594
132.26.55.148 - - [02/May/2023:17:00:54 +0900] "PATCH /⮐
repurpose/e-services/e-business/frictionless HTTP/1.0" ⮐
401 3239
172.182.204.150 - toy8326 [02/May/2023:17:00:54 +0900] ⮐
"HEAD /action-items/out-of-the-box HTTP/1.1" 504 17713
(以下1000行続く)
```

量が多いため、目視での確認は時間がかかって大変そうです。そこでgrepによりサーバエラーを示す情報だけ抜き出してみます。今回は、前後に空白がある「503」が含まれる行を抽出します(※3-9)。grep単体でも目的の処理は可能ですが、書き直す手間を省くためcatの後ろにパイプでgrepをつなぎます。

```
$ cat access.log | grep " 503 "
42.148.44.136 - - [02/May/2023:17:00:54 +0900] "GET ⮐
/bleeding-edge/markets HTTP/1.0" 503 13327
183.46.85.90 - - [02/May/2023:17:00:54 +0900] "GET ⮐
/architectures/intuitive/viral HTTP/1.0" 503 15010
50.254.99.137 - - [02/May/2023:17:00:54 +0900] "GET ⮐
/empower/best-of-breed HTTP/1.0" 503 19138
95.83.119.134 - mueller7578 [02/May/2023:17:00:54 +0900] ⮐
"DELETE /end-to-end HTTP/1.0" 503 29460
```

※3-9 503(Service Unavailable)は、HTTPステータスコードと呼ばれるWebサーバ側の状況を表す数字です。サービスが利用不可であることを意味しています。

```
174.72.109.132 - wisozk2383 [02/May/2023:17:00:54 +0900] ⮐
"GET /revolutionary/innovative/e-business/channels ⮐
HTTP/1.0" 503 16264
(以下58行続く)
```

必要な情報だけ確認することができました。ただ、まだちょっと量が多いようで、1画面に収まりません。そんなときはgrepの後ろにパイプでlessをつなげば確認しやすくなります。

```
$ cat access.log | grep " 503 " | less
```

特定の言葉が含まれる行の行数を数える

アクセスログのエラー内容が確認できました。この件を上司に報告したとします。すると上司から「全部で何件ありましたか？」と聞かれるかもしれません。パイプでさらにコマンドをつなげましょう。wc -lは行数を数えてくれます。

```
$ cat access.log | grep " 503 "| wc -l
58
```

「503ではなく504は何件？」と聞かれた場合も、503を504に書き換えるだけです。

```
$ cat access.log | grep " 504 "|wc -l
55
```

このように、要望に合わせて処理の追加や修正が容易に行えるため、効率的に作業ができます。

COLUMN

スマートフォンでもCLIが利用できる！

読者の皆さんがお持ちのスマートフォンは、Androidもしくは iPhoneが主流かと思います。どちらもOSはLinuxまたはUnixですので、実は専用のソフトウェアを導入すればCLIで操作ができます。

ソフトウェアにはいくつか種類がありますが、ここでは「Terminus」（https://termius.com）をご紹介します。Terminusを起動して、「Teminals」から「Local Teminal」を選択すると、図3-Aのようにターミナルエミュレータが起動します。ちょっとした隙間時間でCLI操作の練習ができ、システム開発の用途であればPCの代わりに遠隔地に接続して操作もできます。

図3-A　Terminusのターミナルエミュレータ

第 4 章

退屈なことはシェルスクリプトにやらせよう

コマさん、
今週はあの作業
もう済んでる？
あっ！
忘れてました
…っていうことが
あって…
ルーティンワークをつい
忘れちゃうんですよね

そんなときは
「シェルスクリプト」が
便利ですよ
コマンドで
いろんな作業を
自動化できるんです

じゃあ
こんな自動化は
できますか？
どれどれ…

翌週
コマさん、
定期作業
ありがとね
はい！

今週から作業を忘れないように
リマインドを自動化したんです！
わたしへ
定期作業を
忘れずに

作業を
自動化したら？
え？

コンピュータを利用した一般的な業務では、頻繁に同じ作業を繰り返したり、毎日の定型作業を行ったりする機会が多くあります。例えば、

- **毎朝、複数の業務用ソフトとメーラーとブラウザを起動する**
- **毎日特定のファイルをもとに集計して、メールで送信する**
- **毎週1度、在庫の量を確認する**

などです。もしこれらのルーティンワークが定型的なものであれば、CLIで自動化できるかもしれません。本章では、**コマンドを使って特定の作業を自動化できる手法、シェルスクリプト**の作成について解説します。シェルスクリプトを利用することは多くのメリットがあります。上手に活用して、ルーティンワークを効率化しましょう！

4-1

シェルスクリプトの作り方

同じコマンドを毎回実行するような作業は、シェルスクリプトを利用すれば作業を効率化できます。シェルスクリプトは、実行したいコマンドを順番に書いたもので、書いた順番に実行してくれます。プログラミング言語と違って低い学習コストで習得でき、少し複雑なことをしようと思っても十分に対応できます。

さっそくシェルスクリプトを作ってみましょう

一番簡単なシェルスクリプトは、コマンドを順番に並べて書くだけで作成できます。例として、今日の曜日を表示するシェルスクリプトの作成を試してみましょう。本章のサンプルファイルのフォルダ（Desktop/work/ch04）に、メモ帳でtoday.shというファイルを作成します。ファイル保存する際、保存時に表示されるダイアログのエンコードを「UTF8」にして保存してください（図4-1）。

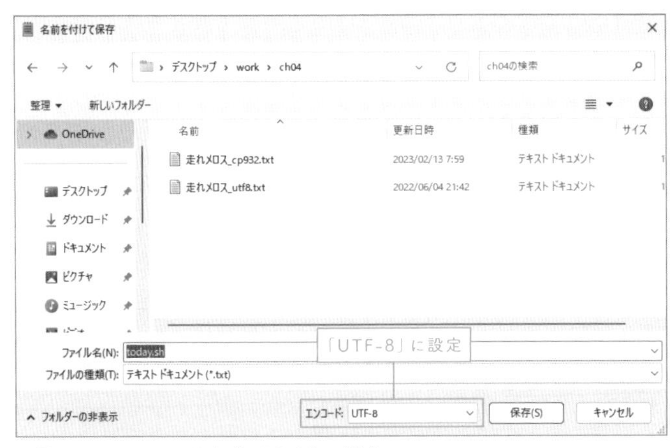

図4-1　エンコードを「UTF-8」に設定

ファイルを作成したら、次の内容を入力して上書き保存します。

today.sh

```
echo -n "今日は "
date +%A | tr -d \\n
echo " です"
```

内容を保存したら、WSLを開いて次のコマンドを実行してください。Windowsで使われる改行コードをLinuxで使われる改行コードに変換する必要があるためです。詳細は4-4節にて解説します。

```
$ cat today.sh | tr -d \\r > today.sh_
$ mv today.sh_ today.sh
```

次のように実行して、曜日が表示されれば成功です。実行時の日付によって曜日が変化します。

```
$ ./today.sh
今日は 日曜日 です
```

カレントディレクトリで作成したシェルスクリプトを実行する場合、先頭に./をつけて明示的にカレントディレクトであることを示す必要があります。明示的に指定しない場合、シェルは別の場所（※4-1）を探しにいきますが、見つからないため「コマンドが見つかりません」というエラーが表示されます。

※4-1　別の場所はPATHという環境変数に設定されています（envコマンドで参照できます）。ほとんどのコマンドは、シェルがPATHをもとにコマンドを探し出して実行しています。

```
$ today.sh
-bash: today.sh: コマンドが見つかりません
```

シバン（shebang）

WSL環境では、前述の方法でシェルスクリプトを実行できます。シェルスクリプトは別の環境に移しても実行できますが、その際は少し考慮すべきことがあります。

WSLではUbuntuに最初から導入されているbashと呼ばれるシェルを動かしています。bashは、これまで解説してきたさまざまな1行の記述を解釈し、順次コマンドを実行して目的の処理を行っていました。

しかし、世の中にはbashではない環境もあります。その場合、シェルスクリプトをただ移動しただけでは、期待通りに動作しないことがあります。**bashで解釈できる文法が、他のシェルではできないことがある**ためです。

シェルの違いを意識しないといけないんだ

そこで、**シバン**（shebang）を追加することで、明示的に「bashで動作させてください」と指定できます。シバンはシェルスクリプトの先頭行に記述される、そのスクリプトを実行するシェルや言語を指定するものです。シバンの記述はとても簡単です。シェルスクリプトの先頭に次の内容を追加するだけです。

シバン

```
#!/usr/bin/env bash
```

コメント

シェルスクリプトにはコメントを記述できます。コメント部分は実行されないので、処理の概要や説明を記述できます。プログラムのソースコードと同様にコメントをつけて、可読性のあるシェルスクリプトを作成しましょう。

シェルスクリプトを見返したときに中身を思い出しやすくなりますよ

コメントは、「#」に続けて書くだけです。#の後ろは行末までコメントとして認識されます。前述のtoday.shにコメントをつけてみます。

today.sh

```
#!/usr/bin/env bash

# 今日の曜日を表示するシェルスクリプト

echo -n "今日は "      # 文字列の表示（改行なし）
date +%A | tr -d \\n # 曜日の表示（改行を削除）
echo " です"           # 文字列の表示（改行あり）
```

ちなみに、シバンだけは特別で、#からはじまりますがコメントとして扱われません。

権限

WSLで動作していたシェルスクリプトを別の環境に移動した際、通常はひと手間加えないと動作せずに、次のようなメッセージが表示されます。

```
$ ./today.sh
-bash: ./today.sh: 許可がありません
```

これは、メッセージの通り「実行する許可」が与えられていないことを意味しています。WSLでシェルスクリプトを作成した場合は、無条件で「実行する許可」が与えられています。

WSL以外の環境で動作させる場合、通常は**「実行する許可」を後から加えてあげる**必要があります。

確認してみましょう。まずはWSL上にあるシェルスクリプトの権限を確認してみます。lsに-lオプションをつけることで、ファイルの詳細な情報を確認できます。

```
$ ls -l today.sh
-rwxrwxrwx 1 user user 56  5月  7 10:18 today.sh
```

さまざまな情報が表示されました。この読み方は次の通りです。前半のrwxrwxrwxの部分が権限を表しています。

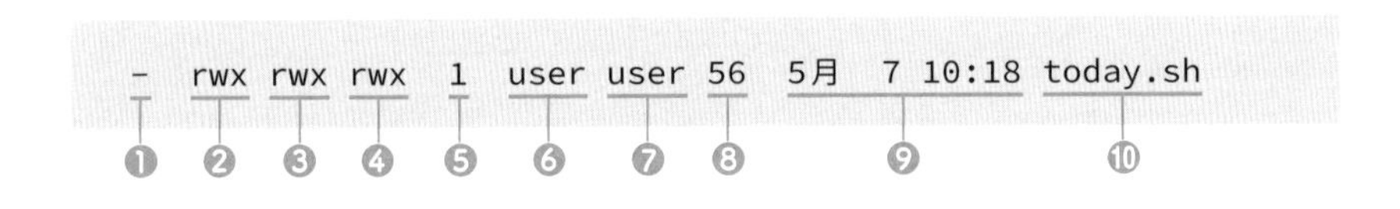

表4-1 lsの出力内容詳細

表示箇所	意味	設定内容の意味
❶	種別	-: ファイル d: ディレクトリ l: シンボリックリンク
❷	ファイル所有者の権限	r: 読み取り権限 w: 書き込み権限 x: 実行権限 -: 権限なし
❸	グループの権限	r: 読み取り権限 w: 書き込み権限 x: 実行権限 -: 権限なし

表示箇所	意味	設定内容の意味
❹	その他のユーザの権限	r: 読み取り権限 w: 書き込み権限 x: 実行権限 -: 権限なし
❺	ハードリンク数	ハードリンクされている数
❻	ファイル所有者	ファイルの作成者
❼	グループ	ファイルにアクセスするユーザの集合
❽	ファイルサイズ	ファイルサイズ（Byte単位）
❾	ファイルの更新日時	ファイルの更新日時（月、日、時、分）
❿	ファイル名	ファイル名

権限では「ファイルの所有者」「グループ」「その他のユーザ」ごとに、「読み取り権限」「書き込み権限」「実行権限」の許可をそれぞれ設定します。「ファイルの所有者」は、ファイルを作成したユーザになります。「グループ」は、デフォルトでは「ファイルの所有者」が所属しているグループになります。他のユーザと共同で編集する際には、同一グループに設定することで共同して編集することが可能になります。どのグループにも属していないユーザが「その他のユーザ」です。

表示例のtoday.shの権限設定では、ファイルの所有者、グループ、その他のユーザすべてに読み取り権限（r）、書き込み権限（w）、実行権限（x）が設定されていることがわかります。つまり、WSL上のシェルスクリプトは、自分でも他人でも誰でもファイルの編集や実行ができることを意味しています（※4-2）。次はこのシェルスクリプトを別の環境にコピーした際の権限を確認してみます。

```
$ ls -l today.sh
-rw-r--r-- 1 user user 56  5月  7 10:38 today.sh
```

※4-2　誰でもできますが、WSL環境を同時に複数人で扱う場面はまれであるため、あまり気にする必要はないでしょう。

表示が変わりましたね。これは、ファイル所有者（自分）は読み込んだり編集したりすることができますが、所有者以外は読み取りしかできない（編集や実行ができない）という設定です。

では、権限を加えてみましょう。chmodコマンドで権限を変更できます。

権限を変更する

```
chmod ［対象ユーザ］［権限の付与／剥奪］［権限の種類］［対象のファイル名］
```

- ［対象ユーザ］：ファイル所有者がu、グループがg、その他ユーザはo、すべてのユーザはaを指定する
- ［権限の付与／剥奪］：権限の付与は+、剥奪は-で指定する
- ［権限の種類］：読み取りはr、書き込みはw、実行はxで指定する

実行権限を付与するには、次のいずれかを実行します。

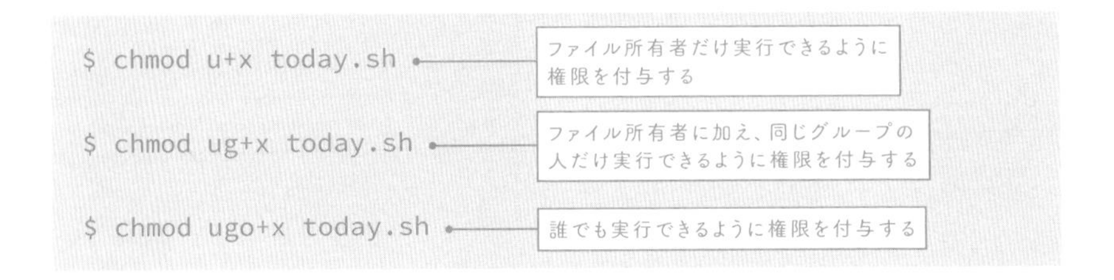

では、ファイル所有者だけ実行できるよう権限を加えてみましょう。

```
$ chmod u+x today.sh
$ ls -l today.sh
-rwxr--r-- 1 user user 56  5月  7 10:38 today.sh
```

これでファイルの所有者は、シェルスクリプトを実行できるようになります。

4 - 2

引数の使い方

まったく同じ処理を毎回実行するなら、これまで解説した方法でシェルスクリプトを作れば実現できます。

それでは、**毎回少しずつ処理の内容が異なる場合**はどのようにしたらよいでしょうか。シェルスクリプトの該当箇所を毎回書き換える方法でも対応できますが、もっと楽な方法があります。

具体例を見ていきましょう。先ほど作成したtoday.shは「本日の曜日」を表示するものでしたが、「任意の日付の曜日」を出力する仕様に変えてみます。ちなみに、「任意の日付の曜日」を実現するコマンドは次の通りです。

```
$ date -d 20240101 +%A    ← 指定した日付（2024/1/1）の曜日を表示する
月曜日
```

この仕様に合わせてシェルスクリプトを修正すると、指定したい日付で毎回書き換えなければいけなくなります。毎回書き換えが必要な部分は、**シェルスクリプトの引数として解釈される「特殊な変数」**と呼ばれるものを利用すれば解決できます。特殊な変数を利用してtoday.shを書き換えてみます。

today.sh

```
#!/usr/bin/env bash

# 今日の曜日を表示するシェルスクリプト

echo -n "$1 は "      #文字列の表示（改行なし）
```

```
date -d $1 +%A | tr -d \\n #曜日の表示（改行を削除）
echo " です"                #文字列の表示（改行あり）
```

$1が、引数を表す特殊な変数です。引数は実行時に次のように指定します。

```
$ ./today.sh 20240101   ← 引数を指定
20240101 は 月曜日 です
```

プログラミングの引数みたいに使えるんだ

today.shでは引数を1つだけ使いましたが、複数使うことも可能です。$1から$9まで利用できます。

例えば、次のシェルスクリプトは引数を3つ利用する例です。

```
#!/usr/bin/env bash

echo 引数1:$1
echo 引数2:$2
echo 引数3:$3
```

実行した結果は次のようになります。1つ以上のスペースで区切られた文字列が、それぞれ別の引数として認識されます。

```
$ ./test.sh hoge fuga piyo
引数1:hoge
引数2:fuga
引数3:piyo
```

4 - 3

デバッグの仕方

シェルスクリプトが思い通りに動作しない、もしくは何らかのエラーメッセージを出す場合、いくつかの方法で原因を調べられます。

シェルスクリプトが動かないので帰れません!

文法チェック

シェルスクリプトの文法が誤っていないか、確認する方法があります。次のように実行することで文法チェックができます（シェルスクリプトの内容が実行されることはありません）。

文法チェック

```
$ bash -n [対象のシェルスクリプト]
```

さきほど作成したtoday.shで文法チェックを試してみましょう。次に示す内容は、一箇所だけ文法的に誤った書き方にしています。

today.sh

```
#!/usr/bin/env bash

# 今日の曜日を表示するシェルスクリプト

echo -n '$1 は "      # 文字列の表示（改行なし）
date -d $1 +%A | tr -d \\n # 曜日の表示（改行を削除）
echo " です"            # 文字列の表示（改行あり）
```

文法チェックをしてみます。

```
$ bash -n today.sh
today.sh: 行 5: 対応する `"' を探索中に予期しないファイル終了 (EOF) です
today.sh: 行 8: 構文エラー: 予期しないファイル終了 (EOF) です
```

表示されたエラーメッセージが示す行をよく確認すると間違いがわかります。最初のechoの引数は"で開始したら"で終了するべきですが、開始が'になっています。

実行内容を表示しながら実行する

bashには**実行内容を表示しながら、シェルスクリプトを実行する機能**があります。次の方法で実行すれば「どの箇所で意図通りの動作になっていないか」を確認できます。

実行内容を表示しながら実行する

```
$ bash -x [対象のシェルスクリプト]
```

シェルスクリプト内で実行されるコマンドは、先頭に+がつけられた形式で表示されるようになります。コマンドの実行結果と次のコマンドがくっついて表示される場合があるので、読み取るのに少し慣れが必要です。

```
$ bash -x today.sh 20240101
+ echo -n '20240101 は '
20240101 は + tr -d '\n'
+ date -d 20240101 +%A
月曜日+ echo ' です'
 です
```

ステップ実行する

また、1行ごとに処理を止めて実行する「ステップ実行」も使えます。次の内容をシバンの次に記述しておけば有効になります。デバッグが完了して不要になったら削除、またはコメントアウトしてください。

ステップ実行の有効化

```
trap 'read -p "next(LINE:$LINENO)>> $BASH_COMMAND"' DEBUG
```

具体的には次のように記述します。

today.sh

```
#!/usr/bin/env bash

# 今日の曜日を表示するシェルスクリプト

# デバッグ用設定
trap 'read -p "next(LINE:$LINENO)>> $BASH_COMMAND"' DEBUG

echo -n "$1 は "      # 文字列の表示（改行なし）
date -d $1 +%A |tr -d \\n # 曜日の表示（改行を削除）
echo " です"           # 文字列の表示（改行あり）
```

ステップ実行してみます。処理はコマンドを実行するごとに停止します。[Enter] キーを押すごとに次のコマンドが実行されるようになります。

```
$ ./today.sh 20240101
next(LINE:7)>> echo -n "$1 は "    [Enter]を押すと次の行が実行される
20240101 は next(LINE:8)>> date -d $1 +%A
next(LINE:8)>> tr -d \\n
月曜日next(LINE:9)>> echo " です"
 です
```

4 - 4

うまく動かないときは

シェルスクリプトを作成したものの、どうにもうまく動かないということがあります。こういったトラブルは、原因がわかるまで時間を浪費してしまいがちです。その場合、文字の打ち間違いや、改行コードや文字コードの誤りが原因かもしれません。

英小文字と英大文字

Windowsのコマンドプロンプトや PowerShellは英字の小文字／大文字を区別しません。そのため、例えば「echo」と入力しても「ECHO」と入力しても、どちらもコマンドとして認識されます。

```
> echo Test
Test
> ECHO Test
Test
```

しかし、Linuxにおいては英字の小文字と大文字は区別されます。

```
$ echo test
test
$ ECHO Test
-bash: ECHO: コマンドが見つかりません
```

まずは大文字／小文字が間違っていないかを確認しましょう

字形が似ている文字

次のような字形が似ている文字を打ち間違えてしまった場合、「あれ、何もおかしなところはないのに……」と思い込んでしまい、探し出すのに時間がかかることがあります。「何もおかしいところがない」と思った際は、似た字形の文字が入り込んでいないか確認しましょう。

● 表4-2　似ている縦棒状の字形の例

字形	詳細
I	アルファベット大文字のアイ
l	アルファベット小文字のエル
1	数字のイチ
|	パイプ
Ｉ	アルファベット大文字のアイ（全角文字）
ｌ	アルファベット小文字のエル（全角文字）
１	数字のイチ（全角文字）
│	縦線

● 表4-3　似ている丸状の字形の例

字形	詳細
0	数字のゼロ
O	アルファベット大文字のオー
０	数字のゼロ（全角文字）
Ｏ	アルファベット大文字のオー（全角文字）
○	丸

スペースの半角／全角も混ざりがちだから注意！

改行コード

使用するOSやソフトウェアによって、改行の扱いに違いがあります。そのため、1行であるべき箇所がそのように認識されず期待した処理にならないことがあります。

改行コードの違いはドキュメントを作る際にはあまり問題になりませんが、プログラミングやコマンド処理を行う際はよく意識する必要があります。見た目は変わらない改行コードですが、**CR**（Carriage Return）と**LF**（Line Feed）の2種類があり、次の通りに使い分けられています。

表4-4　各OSが前提としている改行コード

OS・ソフトウェア	改行コード
Windows	CR + LF
Linux、WSL、MacOS	LF
以前のMacOS（ver.9以前）	CR

よくあるうまくいかないシチュエーションで試してみます。次のように、Windowsのメモ帳でnewline.shを作成します。1行目のbashまで書いたら改行を行いますが、この改行部分のコードが原因でうまく動作しないことがあります。Windowsのメモ帳で作成すると改行コードはCR + LFとなるためです。

newline.sh

```
#!/usr/bin/env bash
echo New line test.
```

WSL環境で実行してみると、bashが期待した改行コード（LF）と異なっているため、次のようにエラーとなります（※4-3）。

```
$ ./newline.sh
/usr/bin/env: `bash\r': そのようなファイルやディレクトリはありません
```

では、改行コードに何が使われているか確認してみましょう。その後、エラーを解決するため改行コードの変換をします。

fileコマンド、およびnkfコマンドで調査や変換ができます。それぞれのコマンドを利用した調査と解決方法を解説します。

■ file

fileは、指定したファイルが何のファイルなのか調べてくれるコマンドです。書式は次の通りです。

ファイルの種類を調べる

```
file [調べたいファイル]
```

例として、いくつかのファイルを確認してみます。次の通り、各ファイル形式の詳細な情報が表示されます。

```
$ file example.jpg ←画像ファイル
example.jpg: JPEG image data, JFIF standard 1.01, ⏎
resolution (DPI), density 180x180, segment length 16, ⏎
Exif Standard: [TIFF image data, big-endian, ⏎
direntries=11, manufacturer=Canon, model=Canon IXY ⏎
DIGITAL 10, orientation=upper-left, xresolution=2234, ⏎
yresolution=2242, resolutionunit=2, software=Microsoft ⏎
```

※4-3　メモ帳はデフォルトでCR+LFが適用されます。他のOSやエディタではLFが標準となっている場合があり、その場合はエラーにならず意図通り動作します。

```
Windows Photo Viewer 6.1.7600.16385, datetime=2010:11:23 ⮐
22:56:15], baseline, precision 8, 1200x1600, components 3

$ file example.xlsx ●────── Excelファイル
example.xlsx: Microsoft Excel 2007+

$ file example.zip ●────── Zipファイル
example.zip: Zip archive data, at least v2.0 to extract, ⮐
compression method=deflate

$ file example.csv ●────── CSV形式のテキストファイル
example.csv: CSV text
```

fileでは、シェルスクリプトを指定すると改行の種類が表示されます。次に示す「CRLF line terminators」の部分です。CR + LFが改行コードであることがわかります。

```
$ file newline.sh
newline.sh: Bourne-Again shell script, ⮐
ASCII text executable, with CRLF line terminators
```

■ nkf

nkfは文字コードや改行コードを確認したり、変換したりできるコマンドです。書式は次の通りです。

文字コード・改行コードの確認・変換

```
nkf ［文字コード、改行コードの変換や調査の各種オプション］ ［変換対象のファイル］
```

●表4-5　よく利用する代表的なnkfのオプション

オプション	意味
-w	文字コードをUTF-8に変換する
-s	文字コードをShift JISに変換する
-Lw	改行をCR+LFに変換する
-Lu	改行をLFに変換する
-Lm	改行をCRに変換する
-g	文字コードの種類を識別して表示する
--guess	文字コードの種類を識別してより詳しく表示する
--overwrite	変換した結果で上書きする

--guessオプションを使って、さきほど作成したnewline.shを調査してみましょう。

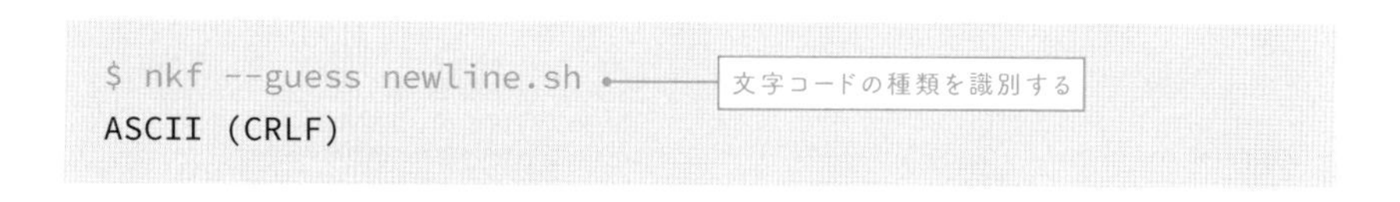

コマンドの実行結果から、CRLFが読み取れます。改行コードはCR＋LFになっていることが確認できました。では、次に改行コードをLFに変換してみましょう。複数の方法があり、次のいずれかで変換できます。

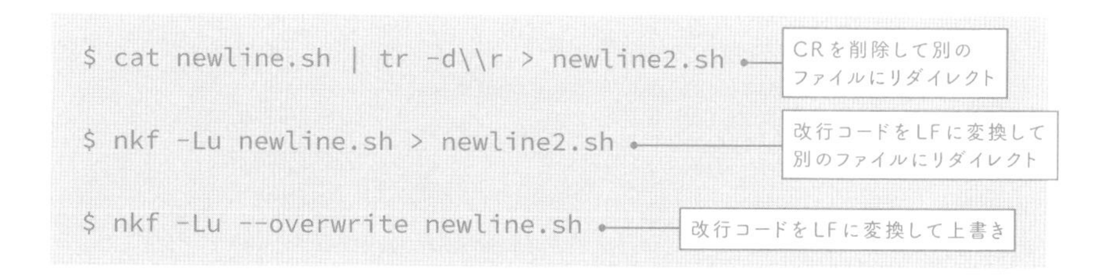

ここでは、nkfを使ってそのまま上書きする方式を試してみます。変換後の改行コードを確認してみましょう。

```
$ nkf -Lu --overwrite newline.sh    ← 改行コードをLFに変換して上書き
$ file newline.sh
newline.sh: Bourne-Again shell script, ASCII text executable
$ nkf --guess newline.sh
ASCII (LF)
```

では、さきほど期待通りに動作しなかった処理をもう一度試してみます。

```
$ ./newline.sh
New line test.
```

今度はうまくいったようです。ちなみに次のように途中に変換処理を入れれば、いったんファイルに変換せずに処理することもできます。

```
$ cat newline.sh | tr -d \\r | bash    ← CRを削除してシェルスクリプトの内容を実行
New line test.
$ nkf -Lu newline.sh | bash    ← 改行コードをLFに変換してシェルスクリプトの内容を実行
New line test.
```

改行コードをLFからCR + LFに戻すこともできます。

```
$ nkf -Lw --overwrite newline.sh    ← 改行コードをCR + LFに変換して上書き
$ nkf --guess newline.sh
ASCII (CRLF)
```

文字コード

使用するOSやソフトウェアによって、**文字コード**と呼ばれる文字を表す値の扱いに違いがあります。そのため、シェルが期待していない文字コードの文字を表示しようとすると、**文字化け**と呼ばれる文字が正しく表示されない現象が起こります。

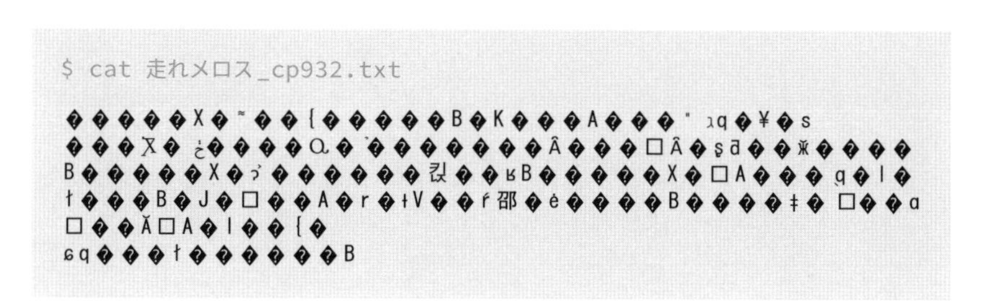

互換性の維持や歴史的な経緯から、現状使用される文字コードは次の通りになっています（※4-4）。

● 表4-6　各OSやソフトウェアが前提としている文字コード

OS・ソフトウェア	文字コード	補足
Windows11（メモ帳）	CP932	デフォルト設定、変更可能
Windows11（コマンドプロンプト）	CP932	デフォルト設定、変更可能
Windows11（PowerShell）	CP932	デフォルト設定、変更可能
Office文書	UTF-8	ただしExcelではCSV形式で保存する際にCP932に変換されるなど、特定の操作時に注意が必要
Ubuntu（Linux）	UTF-8	バージョンやLinuxディストリビューションによっては異なる場合がある
Mac OS	UTF-8	

※4-4　一般的に文字コードと呼ばれますが、正確には文字セットと符号化方式という2つの概念によって成り立っています。本書では一般的に浸透している呼び方である「文字コード」という呼び方で表現します。

互換性や歴史的な経緯から、Windowsで動作するソフトウェアはCP932がデフォルト設定になっている場合が多いです。ただし、CP932はUTF-8に比べて古い仕様であり、特定の機種に依存した文字や、絵文字が使えないなどの弊害があります。Windows自体もCP932からUTF-8に移行していく方針であり、本書でも特別な理由がなければ、UTF-8で文字を扱うことを推奨します。シェルスクリプトはUbuntu上で動作しますので、UTF-8である必要があります。

■ 文字コードの確認

まずは対象ファイルの文字コードが何か確認してみます。UTF-8とCP932の文字コードが使われているテキストファイルを使って確認してみます。nkfまたはfileを使って文字コードを確認できます。

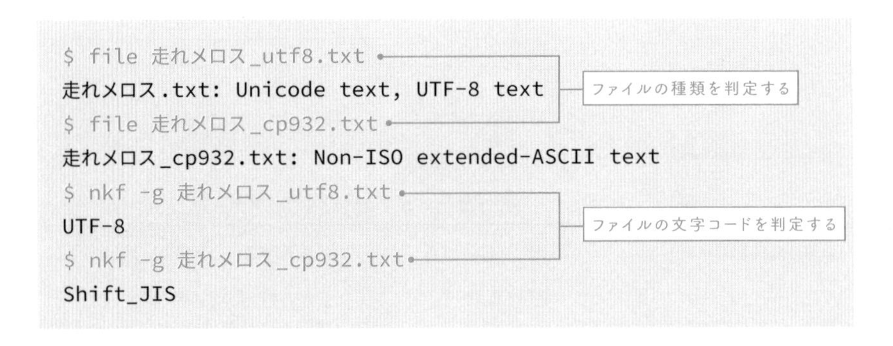

いくつか結果が出力されました。fileコマンドは、UTF-8は正しく判別されている一方、CP932は「Non-ISO extended-ASCII text」と表示されました。次のASCII文字と呼ばれる文字の範囲に加えて、何か拡張されている、ということを意味しています。

ASCII文字（左2列は制御文字）

NUL	DLE	空白	0	@	P	`	p
SOH	DC1	!	1	A	Q	a	q
STX	DC2	"	2	B	R	b	r
ETX	DC3	#	3	C	S	c	s
EOT	DC4	$	4	D	T	d	t
ENQ	NAK	%	5	E	U	e	u
ACK	SYN	&	6	F	V	f	v
BEL	ETB	'	7	G	W	g	w
BS	CAN	(	8	H	X	h	x
TAB	EM	)	9	I	Y	i	y
LF	SUB	*	:	J	Z	j	z
VT	ESC	+	;	K	[	k	{
FF	FS	,	<	L	¥	l	|
CR	GS	-	=	M	]	m	}
SO	RS	.	>	N	^	n	~
SI	US	/	?	O	_	o	DEL

ASCII文字は、広く普及している文字コードの1つです。現在ではほぼすべてのコンピュータで文字化けしないように対応されています。Shift JISやUTF-8など主要な文字コードはASCII文字に干渉しないよう設計されています。つまり、Shift JISの中にASCII文字が内包されているのです（図4-2）。

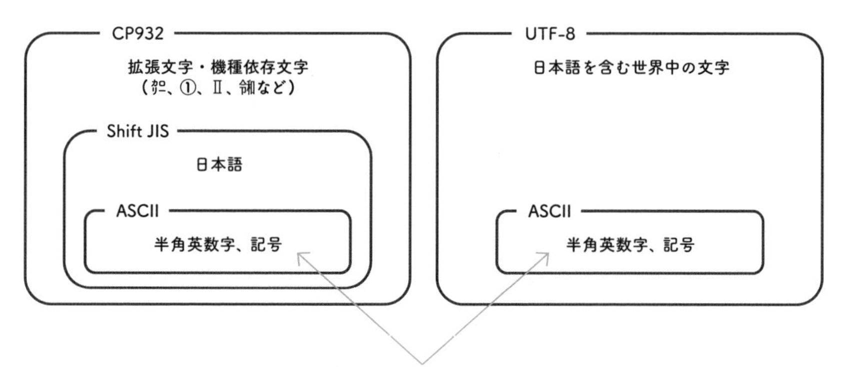

図4-2　文字コードとASCII文字の関係

nkfでは、Shift_JISと表示されました。CP932はShift JISを拡張したものなので、Shift JISとして判断されたようです。文字コードの呼称は歴史的な経緯などが絡んで、混沌とした状況になっています。

■ 文字コードの変換

文字コードは、nkfまたはiconvコマンドを使って変換できます。

・nkf

nkfでCP932からUTF-8に変換するには、--cp932オプションを加える必要があります(※4-5)。結果を画面に表示する方法や、ファイルに出力する方法がいくつかあります。

```
$ nkf -w --cp932 走れメロス_cp932.txt                          ← 変換して画面に表示

$ nkf -w --cp932 走れメロス_cp932.txt > out.txt                ← 変換してout.txtにリダイレクト

$ nkf -w --cp932 --overwrite 走れメロス_cp932.txt              ← 変換して上書き
```

反対にUTF-8からCP932に変換する方法は次の通りです。変換結果を画面に表示すると文字化けしますので、適宜ファイルに出力してください。

```
$ nkf -s --cp932 走れメロス_utf8.txt > out.txt                 ← 変換してout.txtにリダイレクト
```

・iconv

iconvは文字コードの変換を行うことができるコマンドです。書式は次の通りです。

※4-5　--cp932オプションを指定しない場合は、Shift JISであると判断して変換が行われます。ほとんどの文字はこれで正確に変換されますが、一部の文字が期待通りに変換されません。

文字コードの変換（iconv）

```
iconv -f [変換元文字コード] -t [変換先文字コード] [変換元ファイル] ⮐
[-o [出力先ファイル]]
```

[変換元文字コード]や[変換先文字コード]に何が指定できるかは、-lオプションで確認できます。大量の文字コードが存在していることがわかりますが、UTF-8、CP932だけ覚えておけば通常困ることはないはずです。

```
$ iconv -l
The following list contains all the coded character sets ⮐
known.  This does
not necessarily mean that all combinations of these names ⮐
can be used for
the FROM and TO command line parameters.  ⮐
One coded character set can be
listed with several different names (aliases).

  437, 500, 500V1, 850, 851, 852, 855, 856, 857, 858, ⮐
860, 861, 862, 863, 864,
  865, 866, 866NAV, 869, 874, 904, 1026, 1046, 1047, ⮐
8859_1, 8859_2, 8859_3,
  8859_4, 8859_5, 8859_6, 8859_7, 8859_8, 8859_9, ⮐
10646-1:1993,
  10646-1:1993/UCS4, ANSI_X3.4-1968, ANSI_X3.4-1986, ⮐
ANSI_X3.4,
  ANSI_X3.110-1983, ANSI_X3.110, ARABIC, ARABIC7, ⮐
ARMSCII-8, ARMSCII8, ASCII,
  ASMO-708, ASMO_449, BALTIC, BIG-5, BIG-FIVE, ⮐
BIG5-HKSCS, BIG5, BIG5HKSCS,
  BIGFIVE, BRF, BS_4730, CA, CN-BIG5, CN-GB, CN, ⮐
CP-AR, CP-GR, CP-HU, CP037,
  CP038, CP273, CP274, CP275, CP278, CP280, CP281, ⮐
CP282, CP284, CP285, CP290,
  CP297, CP367, CP420, CP423, CP424, CP437, CP500, ⮐
CP737, CP770, CP771, CP772,
```

```
  CP773, CP774, CP775, CP803, CP813, CP819, CP850, ⮐
CP851, CP852, CP855, CP856,
  CP857, CP858, CP860, CP861, CP862, CP863, CP864, ⮐
CP865, CP866, CP866NAV,
  CP868, CP869, CP870, CP871, CP874, CP875, CP880, ⮐
CP891, CP901, CP902, CP903,
  CP904, CP905, CP912, CP915, CP916, CP918, CP920, ⮐
CP921, CP922, CP930, CP932,
(省略)
```

iconvでCP932からUTF-8に変換する方法は次の通りです。

```
$ iconv -f CP932 -t UTF-8 走れメロス_cp932.txt   ← 変換して画面に表示

$ iconv -f CP932 -t UTF-8 走れメロス_cp932.txt -o out.txt   ← 変換してout.txtに出力
```

UTF-8からCP932に変換する方法は次の通りです。

```
$ iconv -f UTF-8 -t CP932 走れメロス_utf8.txt -o out.txt   ← 変換してout.txtに出力
```

4-5

実務で役立つ
シェルスクリプト実例

本章の最後に、実際の開発現場でも役立つシェルスクリプトの実例を2つ紹介します。紹介するシェルスクリプトは、本書で紹介しきれなかった次に示すいくつかのテクニックやコマンドを使っています。

- 判定処理（if文）
- ループ処理（for文）
- 特殊なシェル変数（\$?、\$@）
- リモートコンピュータに接続するコマンド（ssh）（※4-6）
- ネットワーク万能ツール（nc）

現時点では、これらの機能を理解できなくてもかまいません。応用的な内容なので、後から時間をかけて、紹介するシェルスクリプトの内容を少しずつ調べてみたり、手を加えて応用したりしてみてください。

if文や、for文なども出てきますが、一般的なプログラミング言語と比べて平易な文法です。自分でシェルスクリプトを作る際の足がかりにしてもらえたらと思います。

※4-6　sshは5-6節「実務で役立つワンライナー実例」で解説しています。

複数のサーバに接続する

このシェルスクリプトは複数のサーバに接続してコマンドを実行します。複数のサーバの状況を確認しなければならない、または複数のサーバの設定変更が必要……などといった場面で便利に使えます。

ssh_cmd.sh

```
#!/usr/bin/env bash

# 接続先の設定
# 接続先の[ユーザ]@[IPアドレス（またはホスト名）]の形式で列挙します
LIST="user@192.168.1.1
shoei@192.168.2.2
kanata@192.168.3.3"

# 引数のチェック
# 実行したいコマンドを引数に設定します
if [ -z "$1" ] # 引数があるかどうかをチェック
then
  echo "引数がありません" # 引数がない場合のメッセージを表示
  echo "例 $0 ls -l"
  exit 1                  # シェルスクリプトの終了
fi

#「接続してコマンドを実行する」をループで繰り返します
# 接続先サーバの設定によりますが、接続にパスワードを必要としない場合は、
# 接続後即座にコマンドが実行されます
# そうでない場合はパスワードの入力を求められますので都度、入力する必要があります
for TARGET in $LIST
do
  echo "------ $TARGET ------" # 接続先の表示
  ssh $TARGET "$@" # 接続先に対して、接続後コマンドを実行
done
```

実行すると、接続先のサーバごとにコマンドの実行結果が表示されます。実行したのは、ディスクの空き容量を確認するコマンド（df -h）です。

```
$ ./ssh_cmd.sh df -h
------ user@192.168.2.60 ------
user@192.168.2.60's password:
ファイルシス    サイズ  使用  残り 使用% マウント位置
udev             3.9G     0  3.9G    0% /dev
tmpfs            794M  9.1M  785M    2% /run
/dev/sda1        251G   48G  191G   21% /
tmpfs            3.9G     0  3.9G    0% /dev/shm
tmpfs            5.0M     0  5.0M    0% /run/lock
tmpfs            3.9G     0  3.9G    0% /sys/fs/cgroup
tmpfs            794M  4.0K  794M    1% /run/user/200
------ user@192.168.2.177 ------
user@192.168.2.177's password:
Filesystem      Size  Used Avail Use% Mounted on
udev            1.9G     0  1.9G   0% /dev
tmpfs           393M  1.6M  391M   1% /run
/dev/sda1        63G   20G   41G  33% /
tmpfs           2.0G     0  2.0G   0% /dev/shm
tmpfs           5.0M  4.0K  5.0M   1% /run/lock
tmpfs           2.0G     0  2.0G   0% /sys/fs/cgroup
```

サービスの稼働状況を確認する

次に紹介するのは、チェック先サーバのサービスが稼働しているかチェックするシェルスクリプトです。

例えば、翔泳社サイトのWebサービスが稼働しているかは、www.shoeisha.co.jpというドメインに対してhttps（ポート番号443）に接続できるかどうかで、稼働状態を確認できます。

service_check.sh

```
#!/usr/bin/env bash

# チェック先の設定
# チェック先の@[IPアドレス(またはホスト名)]:[ポート番号]の形式で列挙します
# ポート番号443はhttpsサービスになります
LIST="www.shoeisha.co.jp:443
raintrees.net:80
raintrees.net:8080
192.168.1.1:443
sample.example.com:443"

#「チェック先に接続できるか確認する」をチェック先分ループで繰り返します
for TARGET in $LIST
do
  echo "------ $TARGET ------" # 接続先の表示
  nc -w 1 -z ${TARGET//:/ }     # チェック先に接続できるかをncで⮐
確認しています
  if [ $? -eq 0 ]               # ncの実行結果を判定しており、⮐
0が正常終了です
  then
    echo "○ サービスが稼働しています"
  else
    echo "× サービスが稼働していません"
  fi
done
```

実行すると、各接続先の状態が表示されます。存在しないドメイン名の場合は、Name or service not known というメッセージが表示されます。

```
$ ./service_check.sh
------ www.shoeisha.co.jp:443 ------
○ サービスが稼働しています
------ raintrees.net:80 ------
○ サービスが稼働しています
------ raintrees.net:8080 ------
× サービスが稼働していません
------ 192.168.1.1:443 ------
× サービスが稼働していません
------ sample.example.com:443 ------
nc: getaddrinfo for host "sample.example.com" port 443: ⮐
Name or service not known
× サービスが稼働していません
```

このような同じ操作を繰り返す作業は、シェルスクリプトにすることで大幅に作業を効率化できます。

シェルスクリプトの作成に慣れてくると、さらにいろんな作業を効率化できるようになります。実務的な内容で挙げると、

- 起動中のDockerコンテナを全部停止する
- gitへのcommitとpush操作を一度に行う
- AWSの課金額を毎日通知する

などなどです。読者の皆さんが普段行う作業を振り返ってみて、シェルスクリプトを作ることによって効率化できないか検討してみるのもよいでしょう。

COLUMN

Gitによるバージョン管理

自作したシェルスクリプトは、バージョンごとに名前を変えて管理することもできますが、バージョン管理システムを利用することもできます。Gitは、現在広く利用されているバージョン管理システムの1つです。当時、Linuxのソースコードを管理することに苦労していたリーナス・トーバルズ氏によって開発されました。バージョン管理システムを利用すると次の利点があります。

- 誰が、いつ、どのような変更を行ったかを把握できる
- 以前の内容に戻したり、以前の内容と比較できる
- 共同編集する際に効率的に行える

Gitの操作はGUIでもできますが、CLIでも操作できます。慣れてくるとGUIより素早く操作できるようになり、またより高度で効率的な操作もできるようになります。

Gitを利用するにあたっては、ご自身のPCに導入することもできますが、インターネット上のサービスを利用することもできます。代表的なサービスとして、GitHub（https://github.com）があります。

GitHubの基本機能は無料で利用できます。自分が作ったシェルスクリプトの管理にGitHubを使ってみるのもよいでしょう。ちなみに、筆者のGitHubはhttps://github.com/kanata2003にあります。

Gitの詳細は本書では割愛しますが、専門に扱っている書籍が多数あります。興味があれば、参照してみてください。

第 5 章

たった一行で できる 作業効率化！

コマンド作業を
手順書にまとめて
るんですね
後から
思い出しやすい
ようにです！

でもコマンドが何行もあって
かなり多い資料に
なっちゃいそうです…
ドサッ…

関連する作業のコマンドは
1行にまとめれば
効率的ですよ
い…一行!?

翌日

先輩！
手順書できました！

全部のコマンドをまとめて
1行にしてみましたーっ！

忍者の巻物？
楽しそう…？

Linuxにはたくさんの便利なコマンドがあります。それらコマンドを使えば、いろいろな作業を効率的にできるようになります。加えて3-6節で解説したパイプを利用してコマンドをつなげば、おおよそのことは**たった1行で実現できる**ようになります。

この章からは少し高度な内容を記載しています。そのため「こんなこともできるんだな〜」くらいに捉える読み方でも大丈夫です。日常の定常的な作業がもっと楽にならないかな〜と感じたとき、この章の内容を思い出してみてください。

5 - 1

集計や計算をしよう

特定の処理を実行するために、複数のコマンドを組み合わせた1行のコマンドを「**ワンライナー**」と呼びます。ワンライナーを使いこなせば、日常的なファイル操作やちょっとしたタスクを効率的にこなすことができるようになります。

1行でいろいろなことができますよ!

まず日常業務でよく使う計算をしてみましょう。ターミナルを使うと簡単に計算ができます。電卓と違って入力した一連の数字が見えるだけでなく修正も容易で、過去の計算を使い回すことも可能です。

コマンドはWSLで実行します。実際に動作を確認したい場合は、WSLを開いて、本章のサンプルファイルのフォルダ（Desktop/work/ch05）へ移動しましょう。

四則演算をする

計算はbashの機能で行うことができます。計算結果を表示するためにechoを組み合わせます。書式は次の通りです。$((と))に囲まれた中に計算式を書くことができます。

計算する

```
echo $(([計算式]))
```

例えば、次のように$((と))に囲まれた箇所に数式を入力することで簡単に計算できます。電卓と比べて検算が容易です。

```
$ echo $((100+200+150*3+10))
760
```

加算や剰余など四則演算が利用できます（表5-1）。

表5-1　シェルの四則演算で使用できる記号

四則演算で使用できる記号	意味
+	加算
-	減算
*	乗算
/	除算
%	剰余（割り算の余り）
**	累乗

この方法で注意が必要なのは、小数点以下が切り捨てられる点です。小数点以下の計算が必要になる場合は、awkを使うとよいでしょう。awkはテキスト処理に適した簡易なプログラミング言語の1つです。他のプログラミング言語と比較して文法が容易で、コマンドのように扱えます。四則演算に限れば、次の書式の通り簡単な記述で実現できます。

awkの書式

```
awk 'BEGIN{print [計算式]}'
```

BEGIN{と}で囲まれた範囲を最初に1度だけ実行するという文法になります。printはawkで値を表示するための命令です。具体的な例で試してみます。

```
$ awk 'BEGIN{print 1+2+3*4/5}'
5.4
```

awkの四則演算は高機能で三角関数や指数、対数の計算もできるようになります（表5-2）。

表5-2　awkの四則演算で使用できる記号

四則演算で使用できる記号や関数	意味
+	加算
-	減算
*	乗算
/	除算
%	剰余（割り算の余り）
** または ^	累乗
log()	対数
exp()	指数
sin()	正弦
cos()	余弦

次に示すのは、tan（タンジェント）を求めた例です。

```
$ awk 'BEGIN{print sin(1) / cos(1)}'   ← sinをcosで割ってtanを求める
1.55741
```

また精度の高い小数の計算ができるbcというコマンドも存在します。求められる精度に応じて使い分けることができます。

売上金額を集計する

売上金額を集計してみましょう。もちろんExcelで集計してもよいのですが、ターミナルから1行で処理することもできます。

データをExcelにインポートしてSUM関数を設定して……といった定型作業が、ターミナルを立ち上げてコマンドを1つ入力する（またはあらかじめ作成しておいたシェルスクリプトを実行する）だけで済むようになります。このような集計作業を複数回繰り返す必要があるとき、単純作業が増えれば増えるほど、より効率的に処理できるようになります。

次のような業務データがあったとします。取引先会社名、取引年月日、取引金額に分かれています。

```
$ cat Deal.csv
医療法人　四谷翔泳病院,2024/03/04,27191
医療法人　四谷翔泳病院,2024/03/05,24884
医療法人　四谷翔泳病院,2024/03/16,28394
医療法人　四谷翔泳病院,2024/03/26,22683
医療法人　四谷翔泳病院,2024/03/26,26493
医療法人　四谷翔泳病院,2024/04/03,9935
医療法人　四谷翔泳病院,2024/04/22,25207
医療法人　四谷翔泳病院,2024/04/23,24052
医療法人　四谷翔泳病院,2024/05/18,29012
```

この業務データのカンマ（,）で区切られた3列目の数字（取引金額）を合計したいとします。カンマ（,）などで区切られた任意の列を対象に編集や集計する処理はawkが得意としています。

書式は次の通りです。

集計する

```
awk -F[区切り文字] '{[変数名]+=$[何番目のカラムか]}END{print ⏎
[変数名]}' [集計したいファイル]
```

- 区切り文字：カンマ（,）を指定
- 変数名：集計用の変数（sum）を用意
- 何番目のカラムか：3列目を指定
- 集計したいファイル:入力元のファイル（Deal.csv）を指定

具体的に書くと次の通りです。

```
$ awk -F, '{sum+=$3}END{print sum}' Deal.csv
217851
```

プログラミング言語らしく複数行で書くこともできます。処理の流れがわかりやすくなりました。

```
$ awk -F, '
{               # Deal.csvを1行ずつ読み込んで処理
    sum += $3 # 3カラム目の数値を変数sumに加算する
}
END{            # ENDで囲まれた範囲は最後に1度だけ実行する
    print sum # 集計したsum変数を表示
}' Deal.csv     # 入力元のファイルを指定する
217851
```

処理を追いきれないときは、改行をはさみながら整理しましょう

5-2

日付や時刻の処理をしよう

日常業務で日付に関してあれこれ確認が必要な場面があります。日付や時間に関することは、すべてターミナルから1行で片づけられます。

今年のカレンダーを確認する

カレンダーの確認はcalで可能です。

```
$ cal
      1月 2024
日 月 火 水 木 金 土
    1  2  3  4  5  6
 7  8  9 10 11 12 13
14 15 16 17 18 19 20
21 22 23 24 25 26 27
28 29 30 31
```

書式は次の通りです。他にも多様なオプションの指定方法がありますが、この書式だけ覚えておけば普段使う分には困らないでしょう。

カレンダーの確認

```
cal [[月(MM)] 年(YYYY)]
```

引数に西暦を指定することで1年分を表示できます。

```
$ cal 2024
                            2024
      1月                    2月                    3月
日 月 火 水 木 金 土  日 月 火 水 木 金 土  日 月 火 水 木 金 土
    1  2  3  4  5  6               1  2  3                  1  2
 7  8  9 10 11 12 13   4  5  6  7  8  9 10   3  4  5  6  7  8  9
14 15 16 17 18 19 20  11 12 13 14 15 16 17  10 11 12 13 14 15 16
21 22 23 24 25 26 27  18 19 20 21 22 23 24  17 18 19 20 21 22 23
28 29 30 31           25 26 27 28 29        24 25 26 27 28 29 30
                                            31

      4月                    5月                    6月
日 月 火 水 木 金 土  日 月 火 水 木 金 土  日 月 火 水 木 金 土
    1  2  3  4  5  6            1  2  3  4                     1
 7  8  9 10 11 12 13   5  6  7  8  9 10 11   2  3  4  5  6  7  8
14 15 16 17 18 19 20  12 13 14 15 16 17 18   9 10 11 12 13 14 15
21 22 23 24 25 26 27  19 20 21 22 23 24 25  16 17 18 19 20 21 22
28 29 30              26 27 28 29 30 31     23 24 25 26 27 28 29
                                            30
(以降、省略)
```

西暦に加えて、月も指定すると該当月だけ表示できます。西暦の手前に月を入力しなければいけない点に注意してください。

```
$ cal 04 2024
     April 2024
Su Mo Tu We Th Fr Sa
    1  2  3  4  5  6
 7  8  9 10 11 12 13
14 15 16 17 18 19 20
21 22 23 24 25 26 27
28 29 30
```

日数の計算

dateは現在の時刻を表示してくれる機能の他に、日付に関するあらゆる操作を簡単に実現してくれます。例えば、「今日から3週間後は何月何日か」や「任意の日付から2か月前は何月何日か」といった情報を簡単に調べられます。

```
$ date -d "1 day"     # 今から1日後
2024年  2月 24日 土曜日 08:24:34 JST
$ date -d tomorrow    # 明日（今から1日後と同じ）
2024年  2月 24日 土曜日 08:24:51 JST
$ date -d "3 days"    # 3日後
2024年  2月 26日 月曜日 08:25:10 JST
$ date -d "3 weeks"   # 3週間後
2024年  3月 15日 金曜日 08:25:32 JST
$ date -d "3 month"   # 3か月後
2024年  5月 23日 木曜日 08:25:48 JST
$ date -d "-3 days"   # 3日前
2024年  2月 20日 火曜日 08:26:04 JST
$ date -d "-3 weeks"   # 3週間前
2024年  2月  2日 金曜日 08:26:27 JST
$ date -d "-3 month" # 3か月前
2023年 11月 23日 木曜日 08:26:42 JST
$ date -d "3 days ago"    # 3日前
2024年  2月 20日 火曜日 08:27:25 JST
$ date -d "3 weeks ago"   # 3週間前
2024年  2月  2日 金曜日 08:27:52 JST
$ date -d "3 months ago" # 3か月前
2023年 11月 23日 木曜日 08:28:26 JST
$ date -d "3 days ago 2025/01/01" # 2025/01/01から3日前
2024年 12月 29日 日曜日 00:00:00 JST
$ date -d "3 days ago 2025-01-01" # 日付の区切り文字は「-」も利用可
2024年 12月 29日 日曜日 00:00:00 JST
$ date -d "3 days ago 20250101"    # 日付の区切り文字は省略可
2024年 12月 29日 日曜日 00:00:00 JST
```

西暦を年号に変換する

西暦から年号へも変換できます。まずは現在の日付を年号に変換する方法です。書式は次の通りです。

西暦から年号への変換

```
date +%E[c|C|x|Y]
```

+%Eは日本の年号に関わる形式で表示するためのオプションです。続けて表示形式を指定する必要があります（表5-3）。

いちいち検索して確認するの
面倒なんですよね……

表5-3　年号に関わるオプション

年号の表示形式	意味
+%Ec	年号の形式で年月日時分秒を表示
+%Ex	年号の形式で年月日を表示
+%EY	年号の形式で年を表示
+%EC	年号のみ表示

例えば、次のように入力すると現在が令和であることが確認できます。

```
$ date +%Ec
令和05年05月13日 09時27分58秒
```

過去の日付における年号の確認は-dオプションを加えることで実現できます。

```
date +%E[c|C|x|Y] [-d 任意の日時]
```

次のように入力すると過去の任意の時点における年号を知ることができます。

```
$ date +%EY -d 1980/1/1
昭和55年
$ date +%EY -d 1990/1/1
平成02年
$ date +%EY -d 2020/1/1
令和02年
```

納期まであと何日か確認する

納期まであと何日あるだろう……と数えなければいけない場面はないでしょうか。納期までの日数を数えてみましょう。

次に示すのは実行した日から2030/12/30まで何日あるか確認するためのワンライナーです。2030/12/30を好きな日付に置き換えれば、そこまでの日数を数えることができます。

```
$ echo $((($(date +%s -d '2030/12/30')-$(date +%s))/(60⮐
*60*24)))
2501
```

かなり複雑な記述をしているように見えるかもしれません。ただし、複雑に見えても、単純な要素の組み合わせでできています。

■ UNIX時間

コンピュータの内部では、**UNIX時間**と呼ばれる1970年1月1日午前0時0分0秒からの経過秒数で時刻を管理しています。画面に表示される日時は、OSやさまざまなプログラムがUNIX時間を適宜変換して表示してくれているわけです。

コンピュータが時間を捉えるための単位があるんです

UNIX時間はdateの+%sオプションで確認できます。

UNIX時間の確認

```
$ date +%s
```

実行すると桁の大きな数値が表示されます。この数値がUNIX時間です。例えば、「1696286441」と表示されたとしたら1970年1月1日午前0時0分0秒から数えて、1696286441秒経過したことを示しています。

任意の日時についてもUNIX時間を確認できます。-dオプションで指定します。

```
$ date +%s -d 2030/01/01
1893423600
```

■ 四則演算を応用する

日付と日付の引き算は困難ですが、経過秒数であるUNIX時間は引き算することができます。そこで前述の四則演算を利用して計算してみましょう。次のような書式になります。

```
echo $(( ([UNIX時間] - [UNIX時間]) / (60*60*24) ))
```

最後に60×60×24の値で割っているのは、秒を日の単位に変換するためです（1日は60秒×60分×24時間＝86,400秒）。

■ コマンド置換

前述の [UNIX時間] の部分ですが、次のようにひとつひとつ手作業で求めれば、ひとまず目的は達成できます。

```
$ date +%s -d 2030/04/01 # 2030/04/01のUNIX時間（秒）
1901199600
$ date +%s -d 2029/12/01 # 2029/12/01のUNIX時間（秒）
1890745200
$ echo $(( (1901199600 - 1890745200) / (60*60*24) ))
121
```

これでもよいのですが、1行の入力で実行してしまう**コマンド置換**という便利な方法があります。コマンドを$(と)で囲むことで、先にその部分を実行してくれます。例としてUNIX時間を表示するコマンド置換を試してみましょう。dateで任意の日時を指定し、UNIX時間を表示してみます。$(と)で囲まれた部分が先に実行され、その結果をechoで表示しています。

```
$ echo $(date +%s -d 2030/04/01) $(date +%s -d 2029/12/01)
1901199600 1890745200
```

■ 組み合わせる

まとめると、「UNIX時間」「四則演算」「コマンド置換」の3つの技術的な要素を組み合わせて、次のようなワンライナーにできます。

```
$ echo $((($(date +%s -d 2030/04/01)-$(date +%s -d 2029/12⮐
/01))/(60*60*24)))
121
```

COLUMN

ログのERRORを見逃さないようにする

システムの開発が完了すると、次は運用という作業が待っています。運用時は「ログ」によってシステムの状況を監視します。想定外の事態がシステムに起こった場合、たいていはまずログファイルを調査することになります。

大量に存在するログファイルから異常箇所を簡単に見つけるテクニックを紹介します。異常が発生したサーバで、次のコマンドを実行するだけです。

```
# journalctl --no-pager | grep -i ERROR
```

主要なLinuxディストリビューションでは、systemd-journaldを使ってログを一元管理しています。ログを出力するコマンドはjournalctlです。オプションなしで実行すると、lessと連携して表示（lessの操作方法で参照）され。--no-pagerオプションを指定すると、lessとの連携をせずに直接表示されます。

結果はパイプを介してgrepに渡され、ERRORだけが抽出されて表示されます。grepの-iオプションは「英字の大文字小文字を区別しない」ことを意味します。つまり、「ERROR」でも「error」でも「Error」でも同様に抽出されます。

もしjournalctlでエラー原因を発見できなかった場合、次のコマンドも合わせて実行するとよいでしょう。

```
# grep -iR ERROR /var/log
```

Linuxでは、通常、さまざまなログファイルが/var/logディレクトリに集約されています。systemd-journaldで管理されていないログがあっても、grepを使用して/var/logディレクトリ全体を検索することができます。

grepの-Rオプションは、「サブディレクトリも含めて検索し、さらにシンボリックリンクの先も検索する」という意味です。簡単にいうと、「/var/logディレクトリ以下すべてのファイルを対象にして、ERRORが書かれている行を抽出する」ということです。前述の-iオプションと合わせて、-iRと表現できます。

システムで何か問題が起こった場合は、初期調査の手段として、紹介したgrepコマンドの手法を活用してみてください。

5-3

日常的なファイル操作をしよう

読者の皆さんは普段、WindowsのGUIを使用して日常的なファイル操作をすることが多いことでしょう。これらの操作は、WSLを組み合わせるとより便利になります。日常的な業務でありがちな、ちょっと面倒な作業を効率化する方法を解説します。

任意の名前のファイルがどこにあるか探す

「あのファイルどこだっけ？」と探しはじめて、エクスプローラーの検索機能を使ってみるもなかなか見つからない……。そんなとき、findコマンドが利用できます。書式は次の通りです。

特定のファイルを探す

```
find [検索対象のディレクトリ] -name [検索対象のファイル] 2>/dev/null
```

-nameオプションは、その右隣に指定する[検索対象のファイル]の名前が一致しているファイルを検索して表示するためのオプションです。指定しない場合はすべてのファイルが表示されます。

2>/dev/nullは、エラーメッセージを表示させないようにする書き方です。findで調査する際、ファイルやディレクトリにアクセスする権限がないためにエラーメッセージを大量に表示する場合があります。今回はこれらのエラーメッセージを表示しないようにします。

例えば、Cドライブ全体から「取引先.csv」を探したいときは次のようにして調べられます。

エラーメッセージを表示させないようにする書き方

```
$ find /mnt/c -name '取引先.csv' 2>/dev/null
/mnt/c/Users/user/Desktop/work/ch05/取引先.csv
```

目的のファイルの場所が表示される

WSLではCドライブ直下は/mnt/cと表現されます。Cドライブ直下から検索する場合、お使いの環境によっては実行するとそれなりに時間がかかる場合があるのでご留意ください。自分のデスクトップのwork/ch05フォルダの下に目的のファイルがあることがわかりました。

探したいファイル名が不明瞭な場合も対応できます。例えば、ファイル名に「information」という文字列が含まれていて、末尾が「.csv」になっていることまで覚えていたとします。その場合、次のようにして調べることができます。

```
$ find /mnt/c/Users/user/Desktop/ -name ⮐
'*infomation*.csv' 2>/dev/null
/mnt/c/Users/user/Desktop/work/ch05/personal_infomation.csv
/mnt/c/Users/user/Desktop/work/ch05/personal_infomation2.csv
/mnt/c/Users/user/Desktop/work/ch05/personal_infomation3.csv
```

目的のファイルを見つけることができました。不明瞭な部分は**ワイルドカード**の「*」を指定すれば、その部分を考慮して検索してくれます。

さらに-mtimeというオプションを組み合わせると、最近更新したファイルに絞るという条件も加えることができます。次に示すのは現在から7日前までの間に更新されたファイルだけを表示するよう条件を追加した例です。

```
$ find /mnt/c/Users/kanata/Desktop/work -mtime -7 -name ⮐
'*infomation*.csv' 2>/dev/null
/mnt/c/Users/kanata/Desktop/work/ch05/personal_infomation3.csv
```

任意の単語が含まれるファイルを探す

grepは任意のファイルに対して、引数で指定した言葉が含まれる行を抽出できると3-7節で解説しました。

この機能は複数のファイルや任意のディレクトリ配下のファイルすべてを対象にすることもできます。そのため特定の言葉が含まれているファイルを探し出すのに役立ちます。書式は次の通りです。

任意の単語が含まれるファイルを探す

```
grep -r [検索対象の言葉] [検索対象のディレクトリ]
```

-rオプションは配下のディレクトリ内のファイルもすべてgrepの対象にするという意味です。デスクトップ配下で「予算実績」という言葉が含まれるファイルを探し出すには次の通り実行します。

```
$ grep -r 予算実績 /mnt/c/Users/user/Desktop
/mnt/c/Users/user/Desktop/work/ch05/売上メモ.txt:FY23 予算実績
```

ただし、grepで調査できるのはテキスト情報に限られるという点に注意が必要です。ExcelなどのOffice形式のファイルやPDFファイルは、テキスト情報が変換されて記録されています。そのためgrepを利用して調査することはできません。

何文字書いたか確認する

ドキュメントの空欄を埋めるときや、Webサイトに何かの情報を入力しなければいけないとき、「200字以内で記載してください」と指定をされる場合があります。文字数の確認もコマンドを使うと簡単に行うことができます。

例として、「走れメロス_utf8.txt」というファイルを使用します。

```
$ cat 走れメロス_utf8.txt
メロスは激怒した。必ず、かの邪智暴虐じゃちぼうぎゃくの王を除かなければならぬと⮐
決意した。メロスには政治がわからぬ。メロスは、村の牧人である。笛を吹き、羊と遊⮐
んで暮して来た。けれども邪悪に対しては、人一倍に敏感であった。
```

文字数はwcの-mオプションで確認できます。書式は次の通りです。

文字数の確認

```
wc -m [対象のファイル]
```

実際に文字数を数えてみます。

```
$ wc -m 走れメロス_utf8.txt
110 走れメロス_utf8.txt
```

110文字と表示されます。ファイルしか数えられないということはなく、次のようにパイプを利用して直接文字を数えることもできます。

```
$ echo -n "メロスは激怒した。" | wc -m
9
```

㈱を株式会社に一括で修正する

普段の仕事におけるちょっとした雑務はCLIを利用することで作業を効率化できます。

例えば、取引先の一覧資料で「㈱」という省略表記を「株式会社」に修正する作業を例に考えてみましょう。「㈱」を「株式会社」に一括で置換するために、まずは取引先の一覧を確認してみます。テキストファイルの内容の確認はcatで行えます。

```
$ cat 取引先.csv
㈱アバロン・エレクトロニクス,03-3033-3333,....
ウェイストランド・インダストリーズ㈱,03-3001-1234,....
東西重工株式会社,03-3012-9999,....
サイバーダイナミックス㈱,03-3001-5678,...
```

置換はsedで行うことができます。書式は次の通りです。

文字列を置き換える

```
sed 's/[置換元の文字列]/[置換後の文字列]/g' [置換元ファイル]
```

's/[置換元の文字列]/[置換後の文字列]/g'のsは置換を意味しています。gは置換元の文字列が複数存在してもすべて置換をするという意味になります。実際にsedで置換してみます。

```
$ sed 's/㈱/株式会社/g' 取引先.csv
株式会社アバロン・エレクトロニクス,03-3033-3333,....
ウェイストランド・インダストリーズ株式会社,03-3001-1234,....
東西重工株式会社,03-3012-9999,....
サイバーダイナミックス株式会社,03-3001-5678,...
```

このままだと結果がターミナルに表示されるだけです。リダイレクトしてファイルに出力しましょう。

```
$ sed 's/㈱/株式会社/g' 取引先.csv > 修正後取引先.csv
```

全角文字・半角文字の表記ゆれをなくす

半角文字と全角文字が入り乱れている資料を修正することもできます。

```
$ cat shohin.csv
アップル,@200
ﾌﾞﾄﾞｳ,@240
Ｐｅａｃｈ,@250
tomato,@50
```

この資料における文字の種類を統一する方法を考えてみましょう。

■ カタカナだけ全角文字にする

まずはカタカナだけ全角文字に統一してみます。nkfを使うことで半角文字と全角文字を相互に変換できます。書式は次の通りです。nkfのパラメーターとしてファイルを渡したり、パイプを利用したりと、いくつかの方法が選択できます。

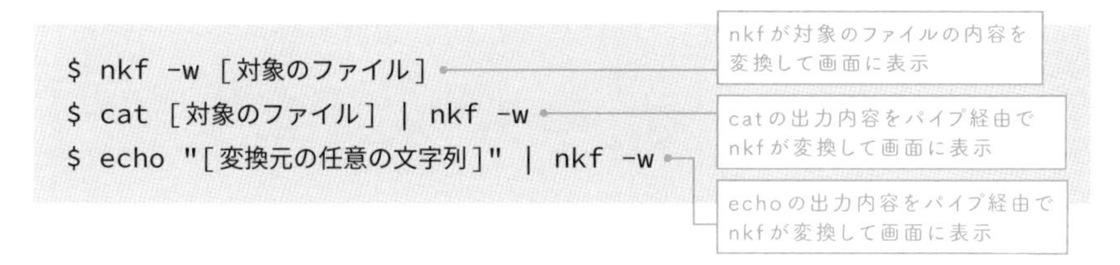

-wオプションは、UTF-8の文字コードに変換するオプションですが、変換の際に半角カナを全角カナに変換する仕様になっています。これを利用して変換してみましょう。まずはechoにテストデータを設定して試してみます。

```
$ echo "abcDEFｇｈｉＪＫＬｱｲｳｴｵカキクケコ１２３456" | nkf -w
abcDEFｇｈｉＪＫＬアイウエオカキクケコ１２３456
```

うまくいっているようです。では、さきほどのshohin.csvで全角カタカナに変換できるか試してみましょう。すると「ﾌﾞﾄﾞｩ」が「ブドウ」になりました。意図通りですね。

```
$ cat shohin.csv | nkf -w
アップル,@200
ブドウ,@240
Ｐｅａｃｈ,@250
tomato,@50
```

■すべて半角文字にする

次に、すべて半角文字にしてみます。半角文字に変換するには-Z4オプションを使用します。一度、すべてを全角文字に変換しないと期待通りに動作しないため、-wオプションを使って全角カナに変換してから-Z4オプションを使って再変換しています。具体的には次の通りです。

```
$ echo "abcDEFｇｈｉＪＫＬｱｲｳｴｵカキクケコ１２３456" | nkf -w | ↩
nkf -Z4
abcDEFghiJKLｱｲｳｴｵｶｷｸｹｺ123456
```

shohin.csvの内容をすべて半角文字に変換できるか試してみます。アップルやＰｅａｃｈが半角文字になりました。

```
$ cat shohin.csv | nkf | nkf -Z4
ｱｯﾌﾟﾙ,@200
ﾌﾞﾄﾞｳ,@240
Peach,@250
tomato,@50
```

■すべて全角文字にする

今度は逆にすべて全角文字にする方法です。この場合は1文字ずつ対応する全角文字に置き換える処理を書かなければならず、ちょっと力技になります。1文字ずつ対応する文字に置き換える処理は、sedで次のように記述することで実現できます。

1文字ずつ文字を置き換える

```
sed 'y/[元の文字]/[対象の文字]/'
```

'y/[元の文字]/[対象の文字]/'のyは［元の文字］にあるものを、[対象の文字]の同じ位置にある文字に置換するという意味になります。テストデータを使って、すべて全角文字に変換できるか試してみます。

```
$ echo "abcDEFｇｈｉＪＫＬｱｲｳｴｵカキクケコ１２３456" | nkf -w | ⏎
sed 'y/abcdefghijklmnopqrstuvwxyzABCDEFGHIJKLMNOPQRSTUVWXY⏎
Z0123456789/ａｂｃｄｅｆｇｈｉｊｋｌｍｎｏｐｑｒｓｔｕｖｗｘｙｚＡＢＣＤ⏎
ＥＦＧＨＩＪＫＬＭＮＯＰＱＲＳＴＵＶＷＸＹＺ０１２３４５６７８９/'
ａｂｃＤＥＦｇｈｉＪＫＬアイウエオカキクケコ１２３４５６
```

意図通り処理できています。shohin.csvで試してみます。

```
$ cat shohin.csv | nkf -w | sed 'y/abcdefghijklmnopqrstuvw⏎
xyzABCDEFGHIJKLMNOPQRSTUVWXYZ0123456789/ａｂｃｄｅｆｇｈｉｊｋｌ⏎
ｍｎｏｐｑｒｓｔｕｖｗｘｙｚＡＢＣＤＥＦＧＨＩＪＫＬＭＮＯＰＱＲＳＴＵＶＷＸ⏎
ＹＺ０１２３４５６７８９/'
アップル,@２００
ブドウ,@２４０
Ｐｅａｃｈ,@２５０
ｔｏｍａｔｏ,@５０
```

これはちょっと想定外でしたが、後続の単価まで全角文字になってしまいました。数字も全角文字に変換する処理を入れていたためです。外してもう一度やってみます。すると、意図通り出力されるようになりました。

```
$ cat shohin.csv | nkf | sed 'y/abcdefghijklmnopqrstuvwxyz⏎
ABCDEFGHIJKLMNOPQRSTUVWXYZ/ａｂｃｄｅｆｇｈｉｊｋｌｍｎｏｐｑ⏎
ｒｓｔｕｖｗｘｙｚＡＢＣＤＥＦＧＨＩＪＫＬＭＮＯＰＱＲＳＴＵＶＷＸＹＺ/'
アップル,@200
ブドウ,@240
Ｐｅａｃｈ,@250
ｔｏｍａｔｏ,@50
```

■カタカナは全角文字に、英字は半角文字にする

最後に、カタカナは全角文字に、英数字は半角文字に統一する変換をしてみます。一度すべて半角文字に変換（nkf -Z4）してから、カタカナだけ全角文字に変換（nkf -w）すればよさそうです。

それでは、テストデータを使って、カタカナは全角文字に、英字は半角文字に変換できるか試してみます。

```
$ echo "abcDEFｇｈｉＪＫＬｱｲｳｴｵカキクケコ１２3456" | nkf -Z4 | ⏎
nkf -w
abcDEFghiJKLアイウエオカキクケコ123456
```

カタカナは全角文字に、英字は半角文字に変換できています。shohin.csvで試してみます。

```
$ cat shohin.csv | nkf -Z4 | nkf -w
アップル,@200
ブドウ,@240
Peach,@250
tomato,@50
```

5-4

インターネットから必要な情報を得よう

読者の皆さんはインターネットへのアクセスはもっぱらブラウザ経由で行っているかと思いますが、CLIでもアクセスすることができます。必要な情報をインターネットから取得して、作業を効率化できます。

天気を知る

手始めに、天気予報を表示してみます。ターミナルから天気を確認できるサービスがあります。

ブラウザの代わりにインターネットにアクセスして情報を取得できるコマンドとしてcurlを使用します。書式は次の通りです。

インターネットにアクセスする

```
curl -s [任意のURL]
```

-sオプションは、処理の進捗状況を表示しないようにするオプションです。処理自体には影響しませんので指定しなくてもかまいません。

次の通り入力してターミナルから天気を確認できるサービスhttps://wttr.inにアクセスしてみましょう。

```
$ curl -s https://wttr.in
```

紙幅の都合上、実行結果は掲載しませんが、コマンドを実行すると天気予報の情報が一覧で表示されます。

「curl -s https://wttr.in」だけで現在地の天気が確認できますが、例えば「curl -s https://wttr.in/沖縄」や「curl -s https://wttr.in/Hirosaki」と指定すると任意の地域を確認できます。ぜひ試してみてください。もちろん、このサービスは同じ内容をWebブラウザからでも確認できます。

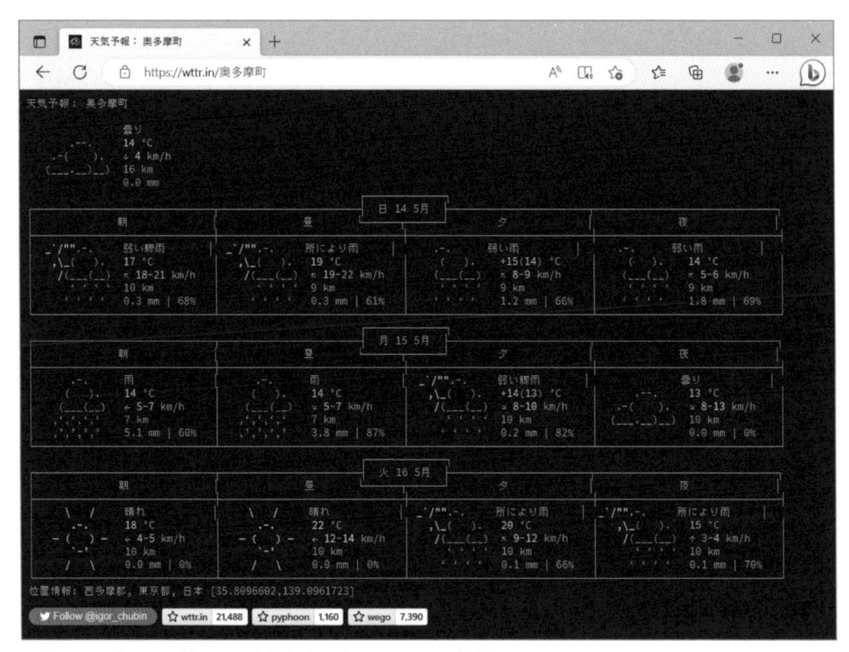

図5-1 「https://wttr.in/奥多摩町」のアクセス結果

郵便番号から住所を得る

次に、郵便番号から対応する住所を表示する方法をご紹介します。

次のように記述することで、郵便局のWebサイトに問い合わせて、結果から必要な情報を抽出します。「ZIP=」に続く数字の部分が郵便番号ですので、調べたい郵便番号を入力してみてください(※5-1)。

※5-1 アクセス先に配慮し、短時間に連続して実行することは控えましょう。

```
$ ZIP=1050011;curl -s https://www.post.japanpost.jp/⮐
cgi-zip/zipcode.php?zip=$ZIP | grep -e '<td class="data">⮐
<small>' -e '<p><small><a class="line"' | ⮐
sed 's/<[^>]*>//g' | tr -d \\t | xargs
東京都 港区 芝公園
```

このワンライナーは、次の処理を順に行っています。

■ ①ZIP：変数ZIPを用意し、郵便番号を設定する

シェルは、他のプログラミング言語と同様に変数を使用できます。設定は次のように記述します。

変数

```
[任意の変数名]=[任意の値]
```

郵便番号から住所を取得した先の例では、変数名ZIPに1050011という値を設定しています。この値はシェルが終了するまで（ターミナルを終了するまで）消えることなく何度も参照できます。変数名の先頭に$を設定することで参照できます。以下は、変数ZIPに対する設定および参照を実行した例です。

変数ZIPに設定された郵便番号は、次のcurlの処理で使用します。

```
$ ZIP=1050011 # 変数ZIPに値を設定
$ echo $ZIP   # 変数ZIPに設定された値を表示
1050011
```

■ ②curl：郵便局のWebサイトから住所の情報を取得する

郵便局のWebサイトから郵便番号をもとに住所を表示するには次のURLにアクセスします。

```
https://www.post.japanpost.jp/cgi-zip/zipcode.php?zip=⮐
[任意の郵便番号]
```

結果はブラウザでも確認できますが、curlでも確認できます。

```
$ ZIP=1050011
$ curl -s https://www.post.japanpost.jp/cgi-zip/⮐
zipcode.php?zip=$ZIP
<!DOCTYPE HTML PUBLIC "-//W3C//DTD HTML 4.01 Transitional⮐
//EN" "http://www.w3.org/TR/html4/loose.dtd">
<html lang="ja">
<head>
<meta http-equiv="Content-Type" content="text/html; ⮐
charset=UTF-8">
<meta http-equiv="Content-Style-Type" content="text/css">
<meta http-equiv="Content-Script-Type" content=⮐
"text/javascript">
<title>郵便番号 1050011 の検索結果 - 日本郵便</title>
・
・
・
(省略)
```

大量の結果が出力されました。ブラウザでアクセスするとグラフィカルに表示されますが、curlでアクセスするとそのグラフィカルな表示の元となるHTMLなどが表示されるようになります。ここから必要な情報だけを抜き出したいため、結果をパイプでgrepに渡します。

■ ③grep: 住所が記録されている行を抽出する

curlで得た大量の結果を調べると、住所が書かれた箇所を見つけることができました。

```
    <tr>
    <td class="data">〒<small>105-0011</small></td>
    <td class="data"><small>東京都</small></td>
    <td class="data"><small>港区</small></td>
    <td>
            <div class="data">
                    <p><small><a class="line" href=↩
"zipcode.php?pref=13&city=1131030&id=47421&merge=">芝公園↩
</a></small></p>
                    <span class="comment_zipsearch">↩
<small>シバコウエン</small></span>
            </div>
    </td>
```

住所が書かれている行だけをgrepで抽出します。次の2パターンで抽出できそうです。

- <td class="data"><small> が含まれている行
- <p><small><a class="line" が含まれている行

grepを使って試してみます。「どちらかが含まれている行を抽出する」には-eオプションを使用します。

```
$ ZIP=1050011;curl -s https://www.post.japanpost.jp/↩
cgi-zip/zipcode.php?zip=$ZIP | grep -e '<td class=↩
"data"><small>' -e '<p><small><a class="line"'
   <td class="data"><small>東京都</small></td>
   <td class="data"><small>港区</small></td>
      <p><small><a class="line" href="zipcode.php?pref=↩
13&city=1131030&id=47421&merge=">芝公園</a></small></p>
(紙面の都合により結果に含まれる多量の空白を削除しています)
```

住所が含まれた行だけを抽出することができました。これを編集すれば住所だけが得られそうです。この結果を次のsedに渡します。

■ ④sed:HTMLのタグ（<と>で囲まれた文字列の部分）を削除する

sedを利用して、HTMLのタグを削除するイディオムがあります。書式は以下の通りです。

HTMLのタグを削除する

```
sed 's/<[^>]*>//g'
```

正規表現を利用して<と>で囲まれた箇所を削除する処理となっています。正規表現は、あらゆる文字列を1つの形式で表現するための非常に強力な表現方法です。

正規表現の解説は本書では詳細を割愛しますが、陳腐化せず、長く活用できる技術になりますので、気になる方はインターネット等で詳細を確認してみてください。

sedで編集した結果は次の通りになります。

```
$ ZIP=1050011;curl -s https://www.post.japanpost.jp/⏎
cgi-zip/zipcode.php?zip=$ZIP | grep -e '<td class=⏎
"data"><small>' -e '<p><small><a class="line"' | ⏎
sed 's/<[^>]*>//g'
                                              東京都
                                              港区
                                                       ⏎
     芝公園
```

不要な空白（タブ）や改行が入っていますが住所だけが取得できました。もう一息です。この結果をtrに渡して、不要な空白（タブ）を削除します。

■ ⑤tr:タブを削除する

trは以前の章で解説した通り、任意の文字を削除できます。タブはシェル上では\\tと表現できるので、タブの削除は次の書式になります。

タブの削除

```
tr -d \\t
```

結果を確認してみます。

```
$ ZIP=1050011;curl -s https://www.post.japanpost.jp/⏎
cgi-zip/zipcode.php?zip=$ZIP | grep -e '<td class=⏎
"data"><small>' -e '<p><small><a class="line"' | ⏎
sed 's/<[^>]*>//g' | tr -d \\t
東京都
港区
芝公園
```

不要な空白が削除できました。これで目的達成でもいいのですが、最後に住所を横並びにして締め括りとしましょう。結果を次のxargsに渡します。

■ ⑥xargs:結果を横一列に並べる

パイプ経由でxargsに結果を渡すことで横一列に並べてくれます。xargsは本来、パイプから受け取った値をそのまま任意のコマンドの引数とするコマンドですが、横に並べるテキスト編集に使えるというちょっとしたテクニックがあります。最終的に、郵便番号から住所が取得できました。

```
$ ZIP=1050011;curl -s https://www.post.japanpost.jp/⏎
cgi-zip/zipcode.php?zip=$ZIP | grep -e '<td class=⏎
"data"><small>' -e '<p><small><a class="line"' | ⏎
sed 's/<[^>]*>//g' | tr -d \\t | xargs
東京都 港区 芝公園
```

5-5

他にもある便利なテクニック

他にも便利なテクニックがたくさんあるのですが、よく使うものを2つご紹介します。

フォルダをZIPファイルにバックアップする

Windowsでは右クリックからコンテキストメニューを表示することで「ZIPファイルに圧縮する」という機能を使うことができます。

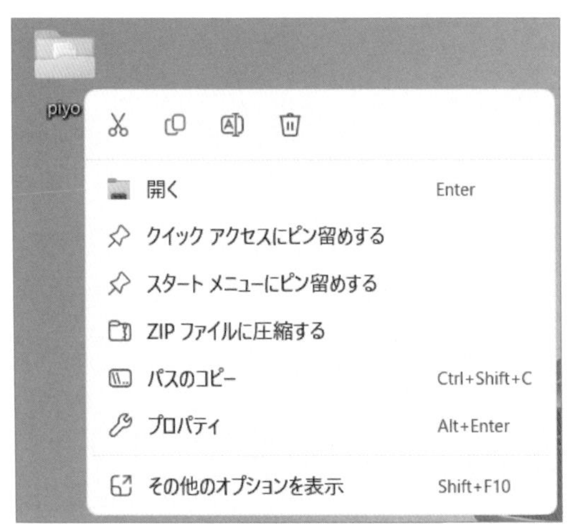

図5-2　Windows11上でのZIP圧縮

これをCLIでやってみましょう。zipコマンドを使えば簡単に実行できます。書式は次の通りです。-rオプションは圧縮対象のディレクトリの中のサブディレクトリもすべて対象にして圧縮するオプションです。

ZIPファイルの作成

```
zip -r [作成されるZIPファイル名] [圧縮対象のディレクトリ]
```

次に示すのは、textdataディレクトリを中身も含めてすべて圧縮し、backup.zipを作成する例です。圧縮結果が表示されています。textdataディレクトリに格納されているテキストファイルは元のサイズの半分程度に圧縮されました。

```
$ zip -r backup.zip textdata
  adding: textdata/ (stored 0%)
  adding: textdata/bocchan.txt (deflated 55%)
  adding: textdata/hashire_merosu.txt (deflated 50%)
```

意図通りZIPファイルが作成されているか確認してみます。元のディレクトリtextdataとZIPにしたbackup.zipがあることが確認できます。

```
$ ls -l
合計 104
-rwxrwxrwx 1 user user 105463  5月 14 08:48 backup.zip
drwxrwxrwx 1 user user   4096  5月 14 08:46 textdata
```

ZIPファイルに何が格納されているかは、unzipコマンドの-lオプションを利用するとZIPファイルを展開せずに確認できます。

```
$ unzip -l backup.zip
Archive:  backup.zip
  Length      Date    Time    Name
---------  ---------- -----   ----
        0  2023-10-06 07:20   textdata/
   209990  2023-10-06 07:20   textdata/bocchan.txt
    21563  2023-10-06 07:19   textdata/hashire_merosu.txt
```

```
---------                    -------
   231553                    3 files
```

unzipにオプションを指定しなければ、カレントディレクトリにzipファイルが展開されます。

```
$ unzip backup.zip
Archive:  backup.zip
   creating: textdata/
  inflating: textdata/bocchan.txt
  inflating: textdata/hashire_merosu.txt
```

処理した結果をクリップボードにコピーする

これまで本書で解説した方法は、コマンドの実行結果を画面に表示したり、ファイルに出力したりするものが中心でした。実は、この実行結果の出力先はクリップボードにすることもできます。クリップボードに出力すれば、実行結果をExcelやメモ帳に容易に貼り付けることができます。

書式はコマンドの最後に「| clip.exe」と記載するだけです。次に示すのはdateで得られる結果をクリップボードにコピーする例です。貼り付け先のソフトウェアの仕様に合わせて、文字コードをCP932に変換する処理を入れています。メモ帳やExcelに貼り付ける際にはCP932への変換が必要です。

結果をクリップボードにコピーする

```
$ date +%Ec | nkf -s --cp932 | clip.exe
```

5-6

実務で役立つワンライナー実例

本章の最後に、実際の開発現場でも役立つワンライナーを紹介します。次に挙げるような、本書で紹介しきれなかったいくつかのテクニックやコマンドを使っています。

- ホスト名を表示するコマンド（hostname）
- システムのメモリやディスク、CPUの統計情報を表示するコマンド（vmstat）
- システムの空きメモリと利用メモリの量を表示するコマンド（free）
- 入力のリダイレクト（<）
- ヒアストリング（<<<）

第4章のシェルスクリプトの実例と同様、後から時間をかけて確認したり、学習したりする際の参考にしてください。

sshコマンドとは？

これから紹介するワンライナーで使用しているのは、sshというコマンドです。sshはリモートコンピュータに接続するためのコマンドで、システム開発の現場においては頻繁に使用するコマンドの1つです。一般的なsshの使い方は次に示す通りです。

リモートコンピュータに接続する

```
ssh [接続先ユーザ名]@[接続先のIPアドレス or ホスト名]
```

具体的には次のようにして、リモートコンピュータに接続できます。

```
$ ssh user@192.168.1.1
user@192.168.1.1's password:  ← パスワード入力
$  ← 以後、接続先での操作となる
```

このsshですが、工夫すれば接続するタイミングでいろいろなことができます。それでは、sshを活用したワンライナーを見ていきましょう。

リモートコンピュータ接続時にコマンドを実行して復帰する

sshは接続先のシェルで操作をするのが一般的な使い方ですが、1つのコマンドを実行して結果を取得し、すぐに切断するという方法があります。書式は次の通りです。

接続先のシェルでコマンドを実行する

```
ssh [接続先ユーザ名]@[接続先のIPアドレス or ホスト名] [接続先で実行する⏎
コマンド]
```

接続先のサーバ（IPアドレス：192.168.1.1）にuserというユーザ名で接続し、システムの状態を確認するvmstatコマンドを実行するワンライナーは次のようになります。

```
$ ssh user@192.168.1.1 vmstat
user@192.168.1.1's password:
procs -----------memory---------- ---swap-- -----io---- -system-- ------cpu-----
 r  b   swpd   free   buff  cache   si   so    bi    bo   in   cs us sy id wa st
 1  0      0 7721756  42180 190936    0    0    61     1   30   40  0  0 99  0  0
```

手元のシェルスクリプトをリモート先で実行する

ssh接続時にコマンドではなく、手元にあるシェルスクリプトを指定することもできます。通常、作ったシェルスクリプトを実行するためには、実行したいサーバにシェルスクリプトを転送する必要がありますが、この方法では転送することなく実行できます。書式は次の通りです。

シェルスクリプトをリモートで実行する

```
ssh [接続先ユーザ名]@[接続先のIPアドレス or ホスト名] sh < ⏎
[実行させたいスクリプト]
```

接続先のサーバで、手元にある「/tmp/host_state.sh」を実行する場合は、次のようなコマンドになります。

```
$ ssh user@192.168.1.1 sh < /tmp/host_state.sh
user@192.168.1.1's password:
■ホスト名
ubuntu
■vmstat
procs -----------memory---------- ---swap-- -----io---- -system-- ------cpu-----
 r  b   swpd   free   buff  cache   si   so    bi    bo   in   cs us sy id wa st
 1  0      0 7677468  43772 227452    0    0    36     1   25   34  0  0 100  0  0
■free
              total        used        free      shared  buff/cache   available
Mem:        8129988      181264     7677468        9320      271256     7699068
Swap:       2097148           0     2097148
```

/tmp/host_state.shは、次のような内容でした。

/tmp/host_state.sh

```
$ cat /tmp/host_state.sh
#!/usr/bin/env bash
```

```
echo ■ホスト名
hostname          ← ホスト名を表示
echo ■vmstat
vmstat            ← システムのメモリやディスク、CPUの統計情報を表示
echo ■free
free              ← システムの空きメモリと利用メモリの量を表示
```

パスワード入力を省略して root権限でコマンドを実行する

一般的なサーバは、セキュリティ対策として、rootユーザでリモートから接続できないようになっています（※5-2）。そのためrootユーザになるには、一般ユーザでログイン後にrootに変更するという作業が必要です。つまり、一般ユーザとrootユーザの2回、パスワードを入力しなければならず、手間がかかります。

そこで、次の書式を利用すると、あらかじめrootユーザのパスワードを書いておくことができ、パスワードを入力する手間が省けます。

パスワード入力を省略する

```
ssh [接続先ユーザ名]@[接続先のIPアドレス or ホスト名] "su - -c ⏎
[実行したいコマンド]" <<< [rootのパスワード]
```

例えば、次のように入力すると1行で接続先のサーバを再起動できます。

```
$ ssh user@192.168.1.1 "su - -c reboot" <<< passwd
user@192.168.1.1's password:
パスワード:Connection to 192.168.1.1 closed by remote host.
```

※5-2　rootユーザのパスワードは本来、セキュリティ上大変重要なものです。テキストファイルなどに保存してうっかり漏洩しないよう注意して扱ってください。

第６章

黒い画面と
もっと仲良くなる
ために

わーっ！
ど…
どうしました！?

コマンドを間違えて
ファイルを消去
しちゃいました…
これなら
バックアップが
あるから大丈夫ですよ

中には取り返しのつかない
コマンドもありますから
手が滑らないように注意しましょう
すみません…
・Shut down
・reboot
・System Ctl

コマさん、
落ち込んでないかな…？

その後
何か買って
きたんですか？
ガサ
ガサ

コマンドを打つ手が
滑らないように
手袋を買って
きました！
超すべりにくい
作業用
グローブ

通常運転だ…
？

ここまでの解説で、はじめの頃に比べるとCLIの操作にかなり慣れてきたことでしょう。しかし「事故」というのは慣れてきたときに起きやすいものです。筆者は幸い、会社で大騒ぎになったり、ニュースになったりといった大事故は起こしたことはありません。ただそれは失敗しなかったというわけではなく、「失敗した際にやり直すことができる施策があって助かっていた」というほうが正確です。職業柄、頻繁にバックアップを取っていたり、大事なものは厳重に管理されていたことが奏功していました。

実際、すべてのファイルを削除してしまう「rm -rf /を実行してしまった……」や、それに類する事故を起こした話をよく耳にします。ソフトウェアやコンピュータシステムを開発する現場では、これは避けて通れない問題です。

本章では、**初学者がLinuxの操作において、遭遇しやすい失敗や事故を解説します。**先人たちが失敗してきたことを、読者の皆さんが同様に経験する必要はありません。本章の内容を理解して、未然に事故を防ぎましょう。

6 - 1

恐怖！ 初見殺しの仕様

前提知識なしでは予測しにくい仕様、あるいは直感的ではない仕様がいくつかあります。そんな、いわゆる「初見殺しの仕様」について解説します。

注意事項を押さえておきましょう！

同じファイルにリダイレクトしてしまった

任意のファイルに何かの修正を加えて、同じファイルに保存したいという機会はよくあります。そんなときはリダイレクトを利用すると便利ですが、思わぬ罠が待ち構えています。

任意のファイルを読み取って処理をし、処理結果を同じファイルにリダイレクトするような操作、例えば、次のような処理は一見何も問題ないように見えます。

```
$ cat hoge.txt | nkf -w > hoge.txt
```

文字コードをUTF-8に変換して上書き

ところがこの処理を実行すると、hoge.txtの中身が消えてしまいます。これは、処理の順番が次の通りになるためです。

①リダイレクト先のファイル（hoge.txt）が作成される
②catが実行される
③catの出力結果がnkfに渡される

④nkfが文字コードを変換する
⑤nkfの出力結果がリダイレクト先（hoge.txt）に出力される

つまり、リダイレクト先のファイルが先に作られてから（すでにファイルがある場合はそのファイルの内容を消してから）コマンドが実行されるという処理の流れになるのです。そのためcatが実行される前にhoge.txtの中身は空になってしまいます。

■ 対応策

素直に一度別のファイルに出力して、必要に応じてファイル名を変更するのをオススメします。前述の処理であれば、次のように対応しましょう。

```
$ cat hoge.txt | nkf -w > hoge2.txt
$ mv hoge2.txt hoge.txt
```


他にも解決する手段はいくつかありますが、別途コマンドの導入が必要だったり、複雑な記述が必要だったりします。煩雑で間違えやすいのであまりオススメしません。

「困ったらchmod777」にはご用心

Linuxにおいて、任意のファイルを表示したり編集したりしようとすると、次のメッセージが出力されて実行できないことがあります。

```
$ cat apli.conf
cat: apli.conf: 許可がありません
```

このような場合、次の「おまじない」を先輩や同僚から教えてもらうことがあるかもしれません。

```
$ chmod 777 apli.conf
```

**たしかに教えてもらったことがあるけど……
何か問題があるのかな？**

chmodはファイルの権限を変更するコマンドです（4-1節参照）。777は何でしょう。

実はこれは状況によっては危険な行為です。第4章でも触れましたが、Linuxはファイルごとに次の権限が設定できるようになっています。

- 誰向けに権限を設定できるか
    - ファイル所有者
    - グループ
    - その他ユーザ
- どういった権限が設定できるか
    - r：読み取り権限
    - x：書き込み権限（削除もできる）
    - w：実行権限（シェルスクリプトや実行形式のファイルの場合）

777の指定は直感的ではありませんが、意味は次の通りです（図6-1）。

	ファイル所有者			グループ			その他ユーザ		
	r	w	x	r	w	x	r	w	x
権限に割り当てられた数値	4	2	1	4	2	1	4	2	1
各数値を合計した値	7			7			7		

図6-1　chmod権限管理の方式

それぞれの権限に数値が割り当てられていて、必要な権限に割り当てられた数字を合計したものが777というわけです。

この方式は、ファイルの権限をビット（bit）で管理していることが由来しています。777は、次のようにビットで表現されています（図6-2）。

	ファイル所有者			グループ			その他ユーザ		
	r	w	x	r	w	x	r	w	x
ビットによる表現	1	1	1	1	1	1	1	1	1
権限に割り当てられた数値	4	2	1	4	2	1	4	2	1
各数値を合計した値	7			7			7		

図6-2　chmod 777の仕組み

つまり chmod 777の意味はすべてのLinuxユーザに対して「読み込み・書き込み・実行」の権限を設定する行為です。これが原因で重要な情報が第三者に漏れたり、システムの重要な設定ファイルが変更されたりするかもしれません。サイバーセキュリティに関するリスクは年々増加しており、「適当でも大丈夫」という認識だと痛い目に遭うことになります。システムの設定変更のため、一時的に変更するのであれば許容できますが、最終的にシステムのセキュリティ設計に従った権限に設定し直す必要があります。

例えば、ファイル所有者（自分）だけ「読み取り、書き込みできるようにする」場合は、権限を付与する箇所のビットだけ1にするイメージです。この場合は600になります（図6-3）。

	ファイル所有者			グループ			その他ユーザ		
	r	w	x	r	w	x	r	w	x
ビットによる表現	1	1	0	0	0	0	0	0	0
権限に割り当てられた数値	4	2	1	4	2	1	4	2	1
各数値を合計した値	6			0			0		

図6-3　chmod600の場合

■ 対応策

chmodは、777などの数字による指定以外の方法でも権限を設定できます。第4章でも触れていますが、より直感的に操作できるため、次の書式に設定することをオススメします。

```
chmod [対象ユーザ][権限の付与/剥奪][権限の種類] [対象のファイル名]
```

- [対象ユーザ]：ファイル所有者がu、グループがg、その他ユーザはo、すべてのユーザはaを指定する
- [権限の付与/剥奪]：権限の付与は+、剥奪は-で指定する
- [権限の種類]：読み取りはr、書き込みはw、実行はxで指定する

以下は実行例です。目的に応じて、適切な権限を設定するよう心がけてください。

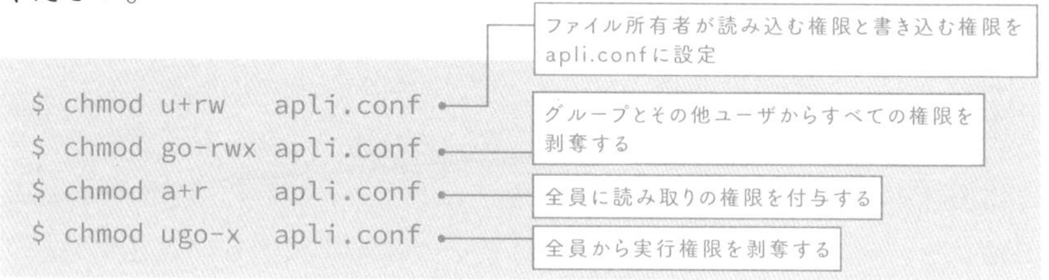

権限はls -lで確認できます。権限変更の際には合わせて確認しましょう。

```
$ ls -l apli.conf
-rw------- 1 user user 2457  5月 25 07:24 apli.conf
```

左端の -rw------- の部分が、権限を確認できる箇所です。

● 表6-1　lsで出力される権限情報の詳細

表示箇所	意味	設定内容の意味
❶	種別	-: ファイル d: ディレクトリ l: シンボリックリンク
❷	ファイル所有者の権限	r: 読み取り権限 w: 書き込み権限 x: 実行権限 -: 権限なし
❸	グループの権限	r: 読み取り権限 w: 書き込み権限 x: 実行権限 -: 権限なし
❹	その他のユーザの権限	r: 読み取り権限 w: 書き込み権限 x: 実行権限 -: 権限なし

ファイルが勝手に消える!?（/tmpと/var/tmp）

Linuxはファイルの権限を適切に設定していれば、他人が自分のファイルを削除できないようになっています。しかし、とある仕様によって、ファイルが勝手に消えているという事件が発生することがあります。

怪奇現象じゃないよね…？

Linuxは、/tmpと/var/tmpという誰でも読み書きできる便利なディレクトリが用意されています。そのため、自分以外の人と共同で使うファイルを置いて使いたくなるのですが、ここに大きな落とし穴があります。

実は/tmpや/var/tmp配下のファイルは勝手に削除されてしまうのです。削除のタイミングはLinuxディストリビューションによってさまざまですが、再起動の際に削除されたり、一定期間アクセスがないファイルが定期的に削除されたりします。

■ 対応策

共同で使うファイルなどは、別途ディレクトリを作成して運用する必要があります。/tmpや/var/tmpに消えると困るファイルを保存しておくことは控えましょう。
　ちなみに、本書の手順で導入したWSL上のUbuntuは、追加の設定をしない限り/tmpと/var/tmp配下にあるファイルが勝手に削除されることはありません。

COLUMN

開発環境だと思っていたら本番環境だった！

　開発環境と勘違いして本番環境を操作してしまっていた……というのはシステム開発の現場でしばしば耳にするミスです。意図しない本番環境の操作は、時にサービスの停止という大事故を引き起こします。
　特にCLIは代わり映えのしない黒い画面なので、開発環境と本番環境の違いが見分けづらく、事故を誘発する1つの要因になっています。この事故を回避するために、個人でできる対策がいくつかあります。

- ログイン時にメッセージを表示する
- ログイン時に最初に「hostname」と「whoami」を入力するよう習慣づける
- ターミナルの色を変更する
- プロンプトにホスト名を表示させる

　個別の対策に関する詳細は本書では割愛しますが、もし読者の皆さんが本番環境を操作できる状況にあれば、まずは個人でできる対策を検討することをおすすめします。

6 - 2

手が滑らないように気をつけて

不本意にも手が滑って「やってしまった……」という種類の事故のことを「ヒューマンエラー」と呼びます。仕事の大半は人間が行うため、ヒューマンエラーのリスクをゼロにすることはできませんが、リスクを増大させる事故を起こしやすい行動が存在しています。将来遭遇するかもしれない事故のリスクを下げるため、行動を見直してみましょう。

慣れるまでは落ち着いて入力するのをおすすめしますよ

カタカタカタカタ……ッターン！ は操作に慣れたらやってみようっと

rmで消えたファイルは二度と戻らない

これは本当によくある事故です。読者の皆さんの中に、経験がある方もいるのではないでしょうか。

rmコマンドはファイルを削除する便利なコマンドです。次のように使います。

```
$ rm data            ← dataファイルを削除する
$ rm data dat        ← dataファイルとdatファイルを削除する
```

そして、よく次のようなケースで事故が起こります。作業のためにdata

というファイルを作りましたが、途中で不要になったため削除したくなりました。カレントディレクトリには「dat」と「data」というファイルがあります。datというファイルはなくなると困る重要なファイルです。

```
$ ls
dat  data
```

そこで、dataを削除するために、CLIに次のように操作をしようとします。bashにおいて、「Tab」キーはコマンドの入力を補完してくれる機能があります。

①プロンプトに「rm d」まで入力
②［Tab］キーを入力して「data」を補完
③「rm data」コマンドを［Enter］キーで実行！

しかし、悲劇が起こります。軽快なキーさばきで軽やかに入力した内容は、次のコマンドとして実行されてしまいました。

```
$ rm dat
```
「data」に補完するつもりが「dat」に保管されてしまった……

ここでdataではなくdatに保管されてしまったことに気づければ事故は防げたのかもしれませんが、そのままの勢いで［Enter］キーを叩いてしまうと、結果としてdatが削除され、dataだけが残ってしまいます。

UnixやLinuxの仕組み上、消してしまったファイルをもとに戻すのは大変困難です。後悔の念とともにdatファイルを作り直すことになります。

■ 対応策

いくつかの予防策が考えられます。まずは必ず-iオプションをつける方法です。-iオプションをつけると削除前に確認が入ります。yを入力し、続けて［Enter］を押すことで削除されます。

```
$ rm -i dat
rm: 通常ファイル 'dat' を削除しますか?   ← 削除の実行前に確認される
```

毎回-iオプションをつけるのが煩わしく感じる人は、bash起動時に読み込まれる.bashrcに別名（エイリアス）を設定しておく方法もあります。.bashrcに記述しておけば、bash起動時に自動で実行されます。次のような設定です。

```
$ cat .bashrc
alias rm='rm -i' # rm と入力すると rm -i と解釈される
alias mv='mv -i' # mv と入力すると mv -i と解釈される
alias cp='cp -i' # cp と入力すると cp -i と解釈される
```

ただし、この方法は注意が必要で、慣れてくると-iを強制的に無視する-fオプションをつけてしまう癖がついてしまったりします。

```
$ alias rm='rm -i'
$ touch hoge   ← 実験用のファイルを作成する
$ rm -i -f hoge   ← 確認なくファイルが削除される
```

また別名が設定されていない別の環境を急に使うことになった際に、やはり事故のリスクが高くなります。

この誤ってファイルを削除してしまうという事故のリスクをWindowsでは比較的うまく対処しています。Windowsはファイルを誤って削除してしまっても「ごみ箱」に入るだけで、「ごみ箱」から取り戻すことができます。

筆者のオススメは、この仕組みをUnixやLinuxでも使う方法です。具体的には、ごみ箱ディレクトリを作って「ファイルを削除する」代わりに「ファイルをごみ箱に移動させる」ようにするのです。

実際にやってみます。まずは「ごみ箱」のディレクトリ（ここではtrashとしています）を作成します。

```
$ mkdir  /tmp/trash          mkdirはディレクトリを作成するコマンド
$ chmod a-rwx /tmp/trash     いったんすべての権限を剥奪する
$ chmod u+rwx /tmp/trash     自分だけアクセスできるよう権限を設定する
```

ファイルを削除したいときは、次のようにtrashに放り込んでおきます。rmと比べてもほとんど手間は変わりません。

```
$ mv -i hoge /tmp/trash
```

もう1つ個人でできることは、頻繁にバックアップを取得することです。次のようなバックアップを行うシェルスクリプトを作っておくとよいでしょう。ちょっと一息ついたタイミングで実行しておけばさらに安心できます。

backup.sh

```
#!/bin/sh

BACKUP_DATE=$(date +%Y%m%d)
BACKUP_DIR="/tmp" # バックアップファイルの格納先
BACKUP_LIST="/home/user/source /home/user/def" ⮐
# 任意のバックアップ対象のディレクトリ

for WORD in ${BACKUP_LIST}
do
  WORK=$(basename ${WORD})
  cd $(dirname ${WORD})
  zip -r ${BACKUP_DIR}/backup_${BACKUP_DATE}_${WORK}.zip ⮐
${WORK}
done!
```

実行すると、次のようにバックアップの対象ディレクトリがZIP形式で圧縮されて/tmp配下に出力されます。

```
$ ./backup.sh
  adding: source/ (stored 0%)
  adding: source/hoge (deflated 65%)
  adding: source/fuga (deflated 63%)
  adding: def/ (stored 0%)
  adding: def/hoge (deflated 62%)
  adding: def/fuga (deflated 63%)
$ ls -l /tmp
合計 724
-rw-r--r-- 1 user user 324711  5月 26 07:31 ⮐
backup_20230526_def.zip
-rw-r--r-- 1 user user 410271  5月 26 07:31 ⮐
backup_20230526_source.zip
```

コピペミスでファイルの内容が変更された！

マニュアルや手順書をもとに作業を行う際、資料からコピペしたコマンドをターミナルで実行したという経験はないでしょうか。近年はIaC（Infrastructure as Code）※6-1やCI（Continuous Integration）※6-2の考えが普及してきており、手順書からコピペして実行するような機会は減っていますが、それでもこのような作業のやり方がなくなることはないでしょう。

そうした中でコピペのミスをすることはまれに起こります。例えば、次のような手順書があったとします。これをコピペしてターミナルに貼り付けました。「#」以降はコメントですから、1行まるごとコピーして貼り付けても大丈夫でしょう。

※6-1 システムの構築をプログラムコードを用いて行う手法のこと。

※6-2 開発時において、頻繁に行われるリポジトリへのマージ、コンパイル、テスト、デプロイなどの作業を自動化し、結果を開発者にフィードバックすることで作業品質を高める手法のこと。

```
logout#>実行後にログの移動をお願いします
```

しかし、これを実行した結果、「実行後にログの移動をお願いします」というファイルができてしまいました。

```
$ logout#> 実行後にログの移動をお願いします
logout#: コマンドが見つかりません
$ ls -l ─ ファイルを確認すると……
合計 0
-rw-r--r-- 1 user user 0  5月 25 07:38 実行後にログの移動をお願い⮐
します
```

一体何が起こったのでしょう。実は、#の手前にスペースが必要でした。スペースが入らなかったために、シェルは「logout#という存在しないコマンドを実行する」という解釈をします。また、それとは別に「>」があることによって、意図せずリダイレクトとして解釈されてしまったのです。

手順書が間違っていたようです。正しくは次のように、#の手前にスペースを入れる必要があります。

```
logout #>fugaさん実行後にログの移動をお願いします
```

このような間違いは、スペースを見落としてしまうことで発生しやすいです。スペースの有無について、テキストファイルは比較的判別しやすいですが、MicrosoftのExcelやWordで作成されている場合は、注意してください。

手順書だけが事故の原因とは限りません。次のような事故も起こります。「AppTestVersion」を実行したかったとします。

```
$ ls -l
合計 14440
-rw-r--r-- 1 user user      512  5月 26 07:43 AppData
-rw-r--r-- 1 user user 9288896  5月 26 07:43 AppTest.LOG1
-rw-r--r-- 1 user user 5488895  5月 26 07:43 AppTest.LOG2
lrwxrwxrwx 1 user user       14  5月 26 07:42 ⮐
AppTestVersion -> /home/user/Develop/App
```

ターミナルからコピーして、貼り付けて実行したところ、誤って次の内容を貼り付けて、実行してしまいました。

```
$ lrwxrwxrwx 1 user user       14  5月 26 07:42 ⮐
AppTestVersion -> /home/user/Develop/App
lrwxrwxrwx: コマンドが見つかりません
```

今度こそ正確に貼り付けて実行してみます。

```
$ ./AppTestVersion
$
```

おかしいですね。何も表示されずに実行終了するはずありません。一度、確認してみます。

```
$ ls -l ../Develop/App
-rwxrwxrwx 1 user user 0  5月 26 07:45 /home/user/Develop/App
```

実行しようとしたAppのファイルサイズが0になっています。一体なぜこのようなことが起こったのでしょうか。これも「>」という記号がリダイレクトとして解釈されたために起こっています。さきほどのコピペミスは、シェルによって次のように解釈されていました。

```
$ "コマンドとして解釈されない文字列" > /home/user/Develop/App
```

「lrwxrwxrwx」というコマンドは存在しないため、コマンド実行自体は失敗します。しかし、リダイレクトの記号である「>」は有効です。コマンド実行は失敗するため出力はありませんが、それでも出力がないという結果を/home/user/Develop/Appに対してリダイレクト（上書き）します。こうして元のファイル内容を消し去って0バイトのファイルができあがりました。

■ 対応策

いくつか対策が考えられます。

・手順書による対策

理想はテキストファイルで手順書を作ることです。表示するテキストエディタの設定で半角スペース、全角スペース、TABを区別できるようにすることで、手順書の誤りに気づきやすくなります。

しかし、Microsoft ExcelやWordで作成されている場合は、そうはいきません。本質的にはExcelやWordの利用を止めればいいのですが、そうはいかない組織の都合もあることでしょう。

対策の1つとして、コピーする部分だけは等幅フォントを使用することが考えられます。スペースの抜けなどはこれで気づけるようになります。

等幅フォント	プロポーショナルフォント
あいうえおかきくけこ ABCDEFGHIjklmnopqrs 0123456789 $ echo 1 "2" '3' #Fix	あいうえおかきくけこ ABCDEFGHIjklmnopqrs 0123456789 $ echo 1 "2" '3' #Fix

文字の幅が揃う　　文字の幅が揃わない（スペースの有無を誤認しやすい）

図6-4　等幅フォントとプロポーショナルフォントの違い

加えて（少し手間ですが）、コピーした文字列をいったんテキストエディタに貼り付けるよう自衛手段が取れれば事故のリスクをさらに下げることができます。

・ターミナルの設定による対策

ターミナルによっては「範囲指定だけでクリップボードにコピーする」や「右クリックでペースト」という機能があります。簡単にコピペができて大変便利なのですが、これがコピペ事故を誘発することがあります。動作が一瞬なので誤ったコピー内容をペーストしてしまうのです。

本番環境での操作など重要な場面では、メニューを開いてペーストを選択する操作方法がベストだと筆者は考えています。

・シェル上の対策

リダイレクトで既存のファイルを上書きしないオプションが存在します。次のコマンドを実行することで、リダイレクトによる上書きができなくなります。

```
$ set -o noclobber # set -C でも同様
```

例として、echoを利用したリダイレクトができなくなるか試してみましょう。

```
$ echo hoge > fuga
$ set -o noclobber
$ echo hoge > fuga
-bash: fuga: 存在するファイルを上書きできません
```

リダイレクトでの上書きができなくなりました。ただし、シェルスクリプトには適用されないため注意が必要です※6-3。

リダイレクトを封じることは、利便性が下がることにもなるため、常時設定を有効にするかは判断が必要になります。

zipを展開したら、デスクトップがファイルで溢れた！

圧縮されたファイルを展開する際、確認なく実行したことで、カレントディレクトリやデスクトップに大量のファイルがばら撒かれてしまった経験はないでしょうか（図6-5）。

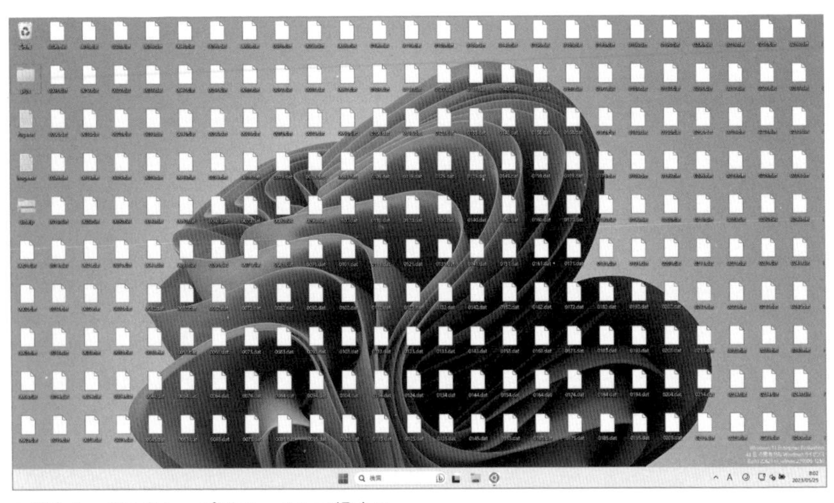

図6-5　デスクトップがファイルで埋まる

※6-3　別のシェルが動かしているためです。有効にさせたい場合はシェルスクリプト内に set -o noclobber を記述する必要があります。

■ 対応策

筆者が行っている対策は、「展開用のディレクトリを作って、そこへ圧縮ファイルを移動して展開する」という単純なものです。圧縮ファイルを展開する操作において、ディレクトリを作る分作業が増えてしまいますが、何も考えずに対応できるのでオススメしています。

Linuxでは、zip形式以外のさまざまな形式の圧縮されたファイルを扱います。そして、ファイルの展開前に中身を確認できます。WSLでも可能です。圧縮ファイルの種類に応じた内容確認は次の通りです（表6-2)。

表6-2　圧縮ファイルを展開せずに中身を確認する方法

ファイル種類（拡張子）	確認方法の例
zip	gunzip -l sample.zip または unzip -l sample.zip
tar	tar -tvf sample.tar
tar.gz	tar -tvfz sample.tar.gz
tar.bz2	tar -tvfj sample.tar.bz2

Windowsの場合は、さまざまな圧縮形式に対応したソフトウェアが存在しています。ソフトウェアによっては「フォルダを自動生成」する機能がある場合があります。この機能を選択することでこの事故を防ぐことができますので検討してみてください。

付録 1

WSLが使えない場合の代替策

本書は、個人のPCにWSLを導入してもらうのみならず、仕事においても活用してほしいという趣旨で執筆しています。しかし、企業や組織のルールによって、勝手にソフトウェアを導入できない場合もあるでしょう。何らかの事情でWSLを導入できない場合に、代替となる手段やツールを紹介します。

■ 制限

- 基本的なコマンドは標準で用意されていますが、本書に記載のコマンドのいくつかは使用できない可能性があります
- 本書に記載しているコマンドは同じ手順でインストールできません。それぞれのソフトウェアに応じたインストール手順を調査する必要があります
- いくつかのコマンドは挙動やオプションが異なる場合があります

Cygwin

CygwinはWindows上にUnix/Linuxのような環境を提供するソフトウェアです。WSLと似ていますが、WSLより前から開発されており、無償で利用できます。

- 公式ページ
  https://www.cygwin.com

Git for Windows

Gitは主にプログラムのソースコードのバージョン管理を実現するソフトウェアですが、bashと基本的なコマンドを利用できます。

- **公式ページ**
  https://gitforwindows.org

MobaXterm

MobaXtermは他のコンピュータにリモート接続（SSH、SFTP、telnet、VNC、Mosh、RDP接続など）するためのソフトウェアですが、bashと基本的なコマンドを利用できます。

- **公式ページ**
  https://mobaxterm.mobatek.net

BusyBox for windows

BusyBoxはbashと基本的なコマンドを1つの実行ファイルに詰め込んだソフトウェアです。前述したGit for WindowsやMobaXtermにもBuzyBoxが使われています。

- **作成者のページ**
  https://frippery.org/busybox/

WSLが導入が難しい場合はこれらのツールを試してみてください！

付録 2

同時に複数のターミナルエミュレータを扱うには？

実際にターミナルエミュレータを使って作業していると、複数のファイルを同時に開いて参照したり、複数のソフトウェアを同時に使用したりしたい場面があるはずです。複数のターミナルエミュレータを同時に使うやり方には、いくつかの種類があります。

ターミナルエミュレータの複数起動

最も単純なのは、必要な数だけターミナルエミュレータを起動させるものです。簡単な方法ではありますが、ウィンドウのサイズを調整してきれいに並べる必要があったり、外部への接続が必要な場合は、ターミナルごとにログインが必要だったりとデメリットもあります。

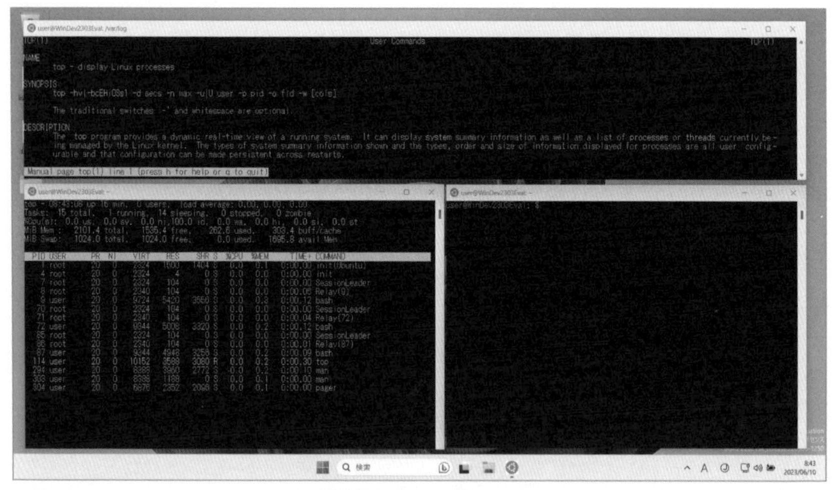

図A-1　ターミナルエミュレータを複数起動した様子

仮想端末

Windows11で搭載された仮想デスクトップ機能のように、仮想的な端末を作って、都度切り替える方式です。ほとんどのLinuxディストリビューションに標準で用意されているscreenコマンド、またはtmuxコマンドによって実現できます。操作方法は割愛しますが、興味のある方はインターネット上で解説記事を調べてみてください。

タブ

Windows Terminalなどを導入することで、ターミナルを複数起動するとウィンドウ上部にタブとしてまとめてくれるようになります。

マルチペイン

筆者がオススメしたいのが**マルチペイン**を利用する方式です。マルチペインとは、1つのウィンドウの中を複数の領域（ペイン）に分割する方式です。マルチペインを利用することで、ログを参照しながらコマンドを実行したり、定義ファイルを参照しながらプログラムのコーディングをしたりできるようになります。

マルチペインは、接続元（クライアント側）のソフトウェアで実現する方式と、接続先（サーバ側）のソフトウェアで実現する2つの方式があります。状況に応じて使い分ければよいのですが、本書では近年よく使われるWindows Terminal、およびtmuxを利用したマルチペインの方式をご紹介します。

■ Windows Terminalによるマルチペイン

Windows Terminalでのマルチペインは、接続元（クライアント側）のソフトウェアで実現する方式です。Windows11の最新バージョンでは標準でインストールされておりますので、インストールは必要ありません。もしインストールされていない場合でも Microsoft Store からインストールできます。

図A-2　Windows Terminalによるマルチペイン

画面を分割する基本的な操作方法は表A-1の通りです。

表A-1　Windows Terminalによるマルチペインの操作方法

キー操作	動作
Alt+ Shift + +	画面を横に分割
Alt+ Shift + -	画面を縦に分割
Ctrl + Shift + w	現在の分割画面を閉じる
Alt+ 矢印キー	分割画面を移動する
Alt+ Shift + 矢印キー	現在の分割画面のサイズを調整する

■ tmuxによるマルチペイン

tmuxによるマルチペインは、接続先（サーバ側）のソフトウェアで実現する方式です。起動方法は、エミュレータ上で「tmux」と入力するだけです。以降は、画面を分割する操作ができます。

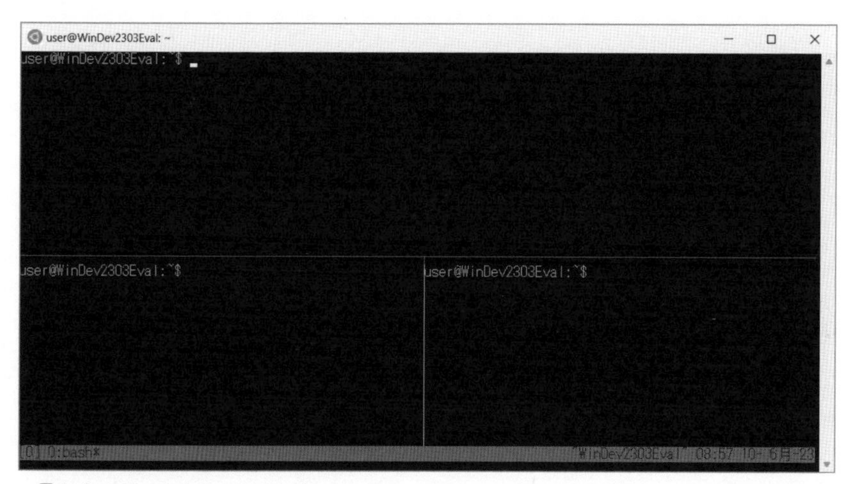

図A-3　tmuxによるマルチペイン

マルチペインの基本的な操作方法は表A-2の通りです。

表A-2　tmuxによるマルチペインの操作方法

キー操作	動作
Ctrl + b の後 %	画面を横に分割
Ctrl + b の後 "	画面を縦に分割
Ctrl + b の後 x	現在の分割画面を閉じる
Ctrl + b の後 矢印キー	分割画面を移動する
Ctrl + b の後 Ctrl + 矢印キー	現在の分割画面のサイズを調整する

エピローグ

黒い画面やコマンドと仲良くなれた気がします！

開発を楽しくしてくれる心強い味方を手に入れましたね！

本書を最後までお読みいただき、ありがとうございます。

本書は、CLIやコマンドに関する入門書を読む前に読む本、いわば門前書のような立ち位置になれるようにという方針で企画しました。CLIに関連した入門書は多くありますが、入門といえどもそれなりの高さのハードルがあります。そのため、それら入門書よりも手前のステップから説明をはじめました。

いざ内容を書きはじめて見ると「これも書いておかないとはじめてだとつまずいてしまうのでは……」と、過去の自分の失敗や挫折をどんどん思い出しはじめました。執筆にあたっては、この失敗や挫折を、新しい世代の新人エンジニアに同様に経験してほしくはないという想いが強くあったため、入門者に向けた内容を充実させる構成にしています。

本書を通して、黒い画面とお友達になれたでしょうか。お読みいただいた読者の皆さんの今後の人生において、役立つ一冊になっていたら大変嬉しいです。

kanata

参考文献

- 『入門UNIXシェルプログラミング―シェルの基礎から学ぶUNIXの世界』
  Bruce Blinn(2003), ソフトバンククリエイティブ

- 『1日1問、半年以内に習得　シェル・ワンライナー160本ノック』
  上田 隆一, 山田 泰宏, 田代 勝也, 中村 壮一, 今泉 光之, 上杉 尚史 (2021), 技術評論社

- 『難読化シェル芸の世界 ~Bashとすてきな難読化~』
  kanata(2019), マイナビ出版

- 『エンジニアリング組織論への招待 ~不確実性に向き合う思考と組織のリファクタリング』
  広木 大地(2018), 技術評論社

- 『スーパーユーザーなら知っておくべきLinuxシステムの仕組み』
  Brian Ward (著), 柴田 芳樹 (翻訳) (2022), インプレス

- 「ITスキル標準はやわかり－人材育成への活用－（V3 2011対応版）」
  https://www.ipa.go.jp/archive/jinzai/skill-standard/itss/qv6pgp000000buc8-att/000025745.pdf

- 「Windows では POSIX がサポートされています。なぜですか? | 開発に関する 1 つの質問」
  https://learn.microsoft.com/ja-jp/shows/one-dev-minute/windows-has-posix-support-why

- 「上田ブログ」
  https://b.ueda.tech/

- 「俺的備忘録 〜なんかいろいろ〜」
  https://orebibou.com/

- 「PowerShell とは」
  https://learn.microsoft.com/ja-jp/powershell/scripting/overview?view=powershell-7.3

- 「エラーメッセージの対処法に関する記事」
  https://zenn.dev/nameless_sn/articles/how_to_deal_with_error_message

- 「Operating Systems: Timeline and Family Tree」
  https://eylenburg.github.io/os_familytree.htm

#黒い画面が怖い

読者の皆さんの「黒い画面」にまつわる体験談や、本書の感想は、ぜひこのハッシュタグをつけてご投稿ください。

索引

■本書内容に関するお問い合わせについて

このたびは翔泳社の書籍をお買い上げいただき、誠にありがとうございます。弊社では、読者の皆様からのお問い合わせに適切に対応させていただくため、以下のガイドラインへのご協力をお願い致しております。下記項目をお読みいただき、手順に従ってお問い合わせください。

●ご質問される前に

弊社Webサイトの「正誤表」をご参照ください。これまでに判明した正誤や追加情報を掲載しています。

正誤表　https://www.shoeisha.co.jp/book/errata/

●ご質問方法

弊社Webサイトの「書籍に関するお問い合わせ」をご利用ください。

書籍に関するお問い合わせ　https://www.shoeisha.co.jp/book/qa/

インターネットをご利用でない場合は、FAXまたは郵便にて、下記"翔泳社 愛読者サービスセンター"までお問い合わせください。
電話でのご質問は、お受けしておりません。

●回答について

回答は、ご質問いただいた手段によってご返事申し上げます。ご質問の内容によっては、回答に数日ないしはそれ以上の期間を要する場合があります。

●ご質問に際してのご注意

本書の対象を超えるもの、記述個所を特定されないもの、また読者固有の環境に起因するご質問等にはお答えできませんので、予めご了承ください。

●郵便物送付先およびFAX番号

送付先住所　〒160-0006　東京都新宿区舟町5
FAX番号　03-5362-3818
宛先　（株）翔泳社 愛読者サービスセンター

※本書の出版にあたっては正確な記述につとめましたが、著者や出版社などのいずれも、本書の内容に対してなんらかの保証をするものではなく、内容やサンプルに基づくいかなる運用結果に関してもいっさいの責任を負いません。

■著者プロフィール

kanata（かなた）

青森県弘前市生まれ。シェル芸（コンピュータ上の処理において、各種コマンドをパイプ演算子で繋ぎ、あらゆる調査・計算・テキスト処理をCLI端末へのコマンド入力一撃で終わらせる芸のこと）とサイバーセキュリティと温泉が好き。シェル芸を難読化することが趣味。

【x（旧Twitter）】@kanata201612

装丁・本文デザイン：萩原弦一郎（256）
イラスト・マンガ：二村大輔
DTP：株式会社シンクス
編集：大嶋航平

レビューにご協力いただいた方々（敬称略）：
宮越祐
田中聡至
八幡美希

コマンドラインの黒い画面が怖いんです。
新人エンジニアのためのコマンドが使いこなせる本

2024年4月19日 初版第1刷発行

著 者	kanata（かなた）
発行人	佐々木 幹夫
発行所	株式会社 翔泳社（https://www.shoeisha.co.jp）
印刷・製本	株式会社 加藤文明社印刷所

＊本書へのお問い合わせについては、216ページに記載の内容をお読みください。
＊造本には細心の注意を払っておりますが、万一、乱丁（ページの順序違い）や落丁（ページの抜け）がございましたら、お取り替えいたします。03-5362-3705までご連絡ください。

ISBN978-4-7981-8229-2
Printed in Japan